LES ORIGINES NATURELLES

DE LA GUERRE

INFLUENCES COSMIQUES
ET THÉORIE ANTICINÉTIQUE

LA PAIX PAR LA SCIENCE

PAR

le Dr Raphaël DUBOIS

Professeur de Physiologie générale et comparée
à l'Université de Lyon.

> Diplomatie ! science de ceux qui n'en
> ont aucune et qui sont profonds
> comme le vide.
>
> BALZAC.

LYON

H. GEORG, LIBRAIRE-ÉDITEUR

36-37 PASSAGE DE L'HÔTEL-DIEU

1916

LES ORIGINES NATURELLES
DE LA GUERRE

INFLUENCES COSMIQUES
ET THÉORIE ANTICINÉTIQUE

LA PAIX PAR LA SCIENCE

LES ORIGINES NATURELLES

DE LA GUERRE

INFLUENCES COSMIQUES
ET THÉORIE ANTICINÉTIQUE

LA PAIX PAR LA SCIENCE

PAR

le Dr Raphaël DUBOIS

Professeur de Physiologie générale et comparée
À l'Université de Lyon.

> Diplomatie ! science de ceux qui n'en
> ont aucune et qui sont profonds
> comme le vide.
>
> BALZAC.

————— ◆◆ —————

LYON

H. GEORG, LIBRAIRE-ÉDITEUR

36-37 PASSAGE DE L'HÔTEL-DIEU

1916

AVANT-PROPOS

Il y a près de 2.500 ans, vivait un sage, dont le nom est encore de nos jours universellement connu. Il s'appelait Pythagore et enseignait que le corps humain est dans une dépendance intime de l'ordre général et que les actions de la Vie, ainsi que tous les phénomènes de la Nature sont réglés par les qualités et les proportions des nombres (1).

Aujourd'hui, pas un biologiste, digne de ce nom, et indépendant, n'oserait soutenir de bonne foi une opinion contraire. Tous connaissent ou s'efforcent de connaître les étroites relations des êtres vivants avec le milieu cosmique, tous cherchent avec ardeur quelles influences sur tout ce qui vit ont bien pu exercer le *milieu extérieur* actuel, le *milieu antérieur* et le *milieu intérieur*.

Bien plus, les physiologistes, par des procédés mécaniques et physico-chimiques d'une précision de plus en plus grande, cherchent à fixer les lois mathématiques auxquelles obéit tout ce qui vit, y compris l'homme, bien entendu.

De nombreuses années d'observation, d'expérimentation, de méditation et d'enseignement public, d'incursions ininterrompues, depuis mon adolescence, je pourrais même dire depuis mon enfance, dans les régions les plus importantes des sciences et de la médecine, n'ont pu qu'affermir ma conviction que tous les faits et tous les phénomènes de la Nature, sans exception, s'enchaînent, en effet, suivant des lois dont

(1) Peut-être même, avant Pythagore, car il avait étudié à Memphis, chez les prêtres égyptiens, qui étaient des savants, connaissait-on cette vérité, ainsi que la rotation de la terre, qu'il proclamait bien avant que les écrits de Copernic (qui n'était pas Prussien, mais Polonais) fussent condamnés par le Pape Paul V, et que l'on eût mis la corde au cou de son disciple Galilée.

le code est encore malheureusement imparfaitement connu des hommes. Il importe au plus haut degré de le déchiffrer, ce code, car il comporte parfois des sanctions terribles et implacables pour ceux qui lui désobéissent, soit par ignorance, soit par orgueil, ou parce qu'ils sont mal adaptés pour leur propre sauvegarde au milieu ambiant.

Le déterminisme scientifique des phénomènes naturels ne doit pas être confondu avec un grossier fatalisme. Ainsi, l'on peut échapper à la foudre en ne se réfugiant pas pendant l'orage sous un arbre élevé, en mettant sur sa demeure un paratonnerre. En agissant ainsi, on ne combat pas les lois de l'électricité, au contraire, on les utilise en leur obéissant, et c'est ainsi, et ainsi seulement, que *savoir fait pouvoir*.

Si ce que nous savons est bien peu de chose en regard de ce que nous ignorons, l'humanité a fait cependant une immense conquête, c'est celle de la méthode scientifique, qui nous permet de *progresser* sans cesse, et qui a déjà donné tant de gages de son heureuse fécondité que nul homme sensé ne pourrait contester de bonne foi sa supériorité. La confiance qu'elle nous inspire est telle que, pour nous, il n'existe aucun fléau intangible, inexplicable, invincible. Et pourquoi donc la guerre, dont les hommes, il est vrai, ont le monopole presque exclusif, ne serait-elle pas considérée comme un phénomène biologique au premier chef ? Pourquoi dès lors ne serait-il pas légitime de rechercher ses relations forcées avec les phénomènes cosmiques, c'est-à-dire avec les influences du milieu biologique ?

C'est ce que j'ai voulu, pour montrer le chemin où les roues des canons ne creuseront plus leurs ornières de boue et de sang.

En vérité, je crois que, si les hommes savaient les véritables origines de la guerre, ils ne se battraient plus, comme feraient, d'ailleurs, les chevaux, s'ils comprenaient que ce n'est pas le moyen de faire venir le foin au râtelier lorsqu'il est vide.

J'ai été également sollicité vers cette tentative d'interprétation scientifique de la guerre par l'insuffisance évidente des innombrables écrits des lettrés de toutes natures et de toutes mesures, qui se laissent volontiers qualifier d' « intellectuels » ou encore des professionnels du militarisme outrancier, dont l'éducation et l'instruction scientifiques sont très généralement rudimentaires sinon tout à fait nulles.

Puisse ce modeste essai (1) servir à faire étudier, progresser, connaître enfin le déterminisme scientifique de la guerre et à remplacer par des solutions pacifiques raisonnées et raisonnables ces horribles manifestations épileptiformes du délire de la Criminalité générale, dont on n'a pu jusqu'à ce jour fournir d'autres explications que celle-ci : « C'est la guerre ! »

R. D.

(1) Ce mémoire était primitivement destiné exclusivement à une Société scientifique et a été présenté, à cet effet, à la Société Linnéenne de Lyon, dans sa séance du 11 octobre 1915.

LES ORIGINES NATURELLES
DE LA GUERRE

INFLUENCES COSMIQUES
ET THÉORIE ANTICINÉTIQUE

LA PAIX PAR LA SCIENCE

I

Il y a fort longtemps (1), en étudiant la marche progressive-
ment envahissante de l'empoisonnement collectif par l'alcool
et par d'autres poisons sociaux, en Europe, j'avais été amené
à constater qu'elle avait suivi une direction à peu près inverse
de celle des grandes émigrations humaines ayant eu un caractère permanent, définitif, aussi bien dans la période préhistorique que dans la période historique. Pendant cette dernière, l'Homme me paraissait d'ailleurs avoir obéi au même
entraînement que celui qu'avaient subi beaucoup d'autres animaux et même de végétaux servant à la nourriture de ces
derniers, quand il ne s'était pas trouvé d'obstacles naturels,
tels que des océans, des glaciers, etc., pour arrêter ou dé-
tourner leur mouvement migrateur. Il m'avait semblé que,
d'une manière très prépondérante, ces déplacements s'étaient
effectués de l'Orient vers l'Occident, c'est-à-dire, par conséquent, en sens inverse du mouvement de rotation de la terre.
J'aurai l'occasion de revenir sur ce point et, si je rappelle
ces vues d'autrefois, c'est qu'à cette même époque, j'avais
déjà été conduit par elles à faire quelques expériences sur des
animaux et que j'avais vu qu'ils luttaient contre le mouvement
de rotation tendant à les emporter, en progressant en sens inverse de ce mouvement.

(1) *Bulletin de la Société philotechnique du Maine*, 1881, p. 213

Je n'ai jamais cessé de m'intéresser à cette question et j'ai eu l'occasion de faire d'assez nombreuses remarques sur ce sujet, mais la plupart n'ont pas été publiées.

Toutefois, en 1898, au cours de mes recherches expérimentales sur le sommeil, j'ai communiqué à la Société Linnéenne de Lyon (1) l'observation d'un phénomène qui rentre dans la catégorie de ceux que je viens d'indiquer.

Quand on tient dans les deux mains une Marmotte profondément endormie, de façon que le museau soit dirigé en avant, le corps de l'animal étant dans le même axe horizontal et dans le même plan vertical que la tête, et que l'on exécute un mouvement de rotation sur soi-même, on n'est pas peu surpris de voir que le bout du museau reste pointé dans la direction première, de telle sorte que l'axe du corps de la Marmotte ne tarde pas à faire avec celui de la tête, dans le plan horizontal, un angle très prononcé. Le corps ne s'est pas déplacé par rapport aux mains qui le supportent, mais la tête s'est fortement déviée en sens inverse du mouvement de rotation imprimé à l'animal entier. La même déviation se produit vers la gauche, si l'on tourne à droite, et vers la droite, si l'on tourne à gauche. Pour rendre le phénomène plus saisissant, j'avais placé une Marmotte profondément endormie sur un plateau, auquel on pouvait imprimer un mouvement de rotation régulier.

Plus tard, en 1902 (2), j'ai constaté que l'on pouvait provoquer le même phénomène sur le Pigeon et le Canard. Sa production est facilitée quand on prive l'animal de la vue par l'encapuchonnement, ou mieux, par la cécité. Chez le Pigeon, l'ablation des couches corticales et même des hémisphères cérébraux, des couches optiques et des corps striés n'a pas modifié le phénomène. Mais il m'a semblé que l'intégrité des tubercules quadrijumeaux était nécessaire pour sa conservation. Il est possible que cela tienne aux relations de cette région avec le nerf acoustique et, par conséquent, avec les canaux semi-circulaires et l'oreille interne, mais, comme je l'indiquais

(1) V. *Ann. de la Soc. Linn.*, Lyon, 1898.
(2) V. Raphaël Dubois, Sur le sens de l'orientation chez les Mammifères et chez les Oiseaux (*Bulletin général de Psychologie*, Paris, 1902, p. 220), et Raphaël Dubois, Sur le centre nerveux de l'orientation (*Bulletin de la Société de Biologie*, LIX, p. 936, 1902).

dans ma note, pour soutenir avec certitude cette opinion, il était nécessaire de compléter mes expériences, ainsi d'ailleurs que celles faites par Louis Boutan, postérieurement aux miennes et dans la même direction.

Dans ces dernières années, j'ai repris à mon laboratoire maritime de Tamaris-sur-Mer (Var) mes anciennes expériences sur l'action du mouvement rotatoire, non seulement sur les animaux, mais encore sur les végétaux, en perfectionnant mon outillage primitif, lequel consistait seulement en un plateau tournant sur un pivot et mû à la main. J'ai utilisé alors des moteurs mécaniques, électriques, à air chaud ou à eau pouvant donner des vitesses variables, soit directement, soit indirectement, à l'aide de poulies ou d'engrenages de divers diamètres. Ces moteurs présentent, en outre, le grand avantage de pouvoir imprimer des mouvements de rotation réguliers et prolonger l'expérience pendant des heures et même pendant plusieurs jours consécutivement, sans aucune interruption, ni changement de vitesse.

Comme on le verra plus loin, cette condition est très importante.

Pour chercher la vitesse optima, laquelle peut être variable suivant la nature des organismes et le genre d'anticinèse que l'on étudie, on peut se servir d'un petit centrifugeur à main dont le porte-tube a été remplacé par un plateau.

Quand celle-ci a été déterminée *approximativement*, on a intérêt à se servir du *grand enregistreur universel*, construit sur mes indications par Trenta, à Lyon, en 1903 (1).

Cet appareil présente sur tous les autres enregistreurs l'avantage de donner trente-quatre vitesses différentes parfaitement régulières, intercalées entre une vitesse maxima de quarante-deux tours par minute et une vitesse minima d'un tour en trois jours, et cela quelle que soit la vitesse propre du moteur, qu'il présente ou non des irrégularités. Ce moteur peut d'ailleurs être quelconque : turbine à eau, moteur à air chaud, moteur électrique, à ressort, à poids, etc.

L'enregistreur universel dépourvu de ses cylindres est placé

(1) V. Raphaël Dubois : Enregistreur universel et petit meuble laboratoire du physiologiste (*Ann. de la Soc. Linn. de Lyon*, XLIV, 1897).

dans la position verticale et son grand axe est prolongé par une tige portant un plateau ou un récipient en zinc, avec cylindre central limitant entre sa paroi et celle du récipient un canal circulaire. Celui-ci peut être avantageusement remplacé par un cristallisoir en verre, ayant à son centre un second cristallisoir plus petit.

Dans nos expériences, le diamètre du cristallisoir extérieur a varié entre 20 et 30 centimètres et celui du cristallisoir intérieur entre 10 et 15 centimètres, de façon à laisser entre les deux un large couloir circulaire où les animaux en expérience pouvaient se mouvoir librement, soit dans l'air, soit dans l'eau douce ou dans l'eau de mer. Pour les animaux volants, le cristallisoir était recouvert d'une vitre ou d'un tamis de crin.

Dans la majorité des cas, le cristallisoir intérieur n'est pas même nécessaire, parce que les animaux en marchant, nageant ou volant, suivent d'ordinaire la paroi interne du cristallisoir qui les contient. Ces récipients en verre ont sur les autres l'avantage que l'on peut voir facilement tous les mouvements des animaux en expérience. Pour les expériences faites à l'obscurité, les cristallisoirs ont été enfermés dans des boîtes légères en fer-blanc.

Enfin, pour étudier comparativement l'action d'un système se déplaçant en même temps que les organismes en expérience, comme il arrive aux êtres placés dans l'atmosphère ou dans l'eau sans courants et immobile à la surface du globe, avec ce qui se passe quand l'atmosphère gazeuse ou aqueuse est animée d'un mouvement rotatoire, j'ai construit un dispositif spécial. Le cristallisoir restant immobile, j'ai imprimé au milieu fluide, au moyen d'une hélice, un mouvement giratoire. Ce n'était plus le cristallisoir qui tournait, c'était seulement l'hélice, mais avec la même vitesse que le plateau dans le premier cas.

Pour les mouvements circulaires verticaux, le dispositif adopté pour les cages à écureuils et à rats, ainsi que pour les roues mues par des chiens, peut rendre des services. Il en est de même des cylindres de mon appareil enregistreur universel dans sa position horizontale

La marche des petits animaux aériens est facilement enregistrée en les plaçant sur des disques de papier enduits de noir de fumée que l'on fixe ensuite au vernis. C'est le procédé que j'avais imaginé autrefois (1) pour enregistrer le mouvement de rotation imprimé aux Pyrophores lumineux des Antilles par un éclairage unilatéral, bien avant qu'il soit question de la théorie mécaniste de M. Loeb sur les phototropismes, laquelle, par conséquent, n'est pas nouvelle.

Mes expériences ont porté sur les animaux les plus divers, et aussi sur des végétaux. La liste détaillée, qui s'accroît tous les jours, avec désignation précise des espèces, sera publiée ultérieurement. Je dirai seulement que j'ai expérimenté sur des Mammifères, des Oiseaux, des Reptiles, des Lacertiens, des Chéloniens, des Batraciens, des Poissons, des Mollusques, Vers, Echinodermes, Crustacés, Insectes, Myriapodes, Arachnides, etc.

Je me suis placé dans les conditions les plus variées de l'expérimentation, à savoir : 1° organismes normaux dans un milieu normal (air, eau douce, eau de mer) ; 2° organismes anormaux dans un milieu normal (organismes privés de cerveau, etc.) ; 3° organismes normaux dans un milieu anormal (eau empoisonnée, atmosphère asphyxiante) ; 4° organismes anormaux dans milieu anormal.

De ces expériences déjà nombreuses, mais que je me propose de multiplier encore, et qu'il serait trop long de décrire en détail dans ce mémoire préliminaire, je crois pouvoir tirer dès à présent les conclusions suivantes :

1° Avec des vitesses de rotation et un rayon du récipient convenables, l'anticinèse est la règle ;

2° En moyenne, la vitesse la plus favorable pour un récipient de 0.20 à 0.30 centimètres de diamètre est de un tour en trente secondes ;

3° Toutefois, la vitesse optima varie avec les espèces et aussi avec le milieu, suivant que l'animal marche, vole ou nage. Les espèces qui ont une progression normale rapide exigent une vitesse de rotation plus grande. Des déterminations précises seront faites ultérieurement. Certains animaux se sont montrés réfractaires, probablement parce que la vitesse de rotation n'était pas convenable (Araignées, Myriapodes), d'au-

(1) V. Raphaël Dubois, *Les Elatérides lumineux :* thèses de la Faculté des Sciences de Paris et Mémoires de la Société Zoologique de France, Paris, 1886.

tres, sans doute à cause de leur mode de progression (Hippo-
campe), et, enfin, d'autres encore, certainement en raison de
leur structure rayonnée (Oursins, Etoiles de mer [*Asterias rubens* L.], Comatules). En effet, si l'on coupe l'un des cinq bras
d'une *Asterias rubens* près de la racine, bientôt l'animal se met
à progresser en anticinèse, deux bras en avant et deux en
arrière, comme un quadrupède, et en suivant la paroi du cristallisoir : le bras isolé en fait autant ;

4° Les organismes, en marchant, volant ou nageant, suivent,
en général, la paroi latérale du récipient ; le Sphinx vole en
anticinèse, de côté, l'axe du corps obliquement dirigé vers la
paroi ; le Crabe aussi progresse ainsi dans l'eau, et les Insectes
aquatiques (*Nepa cinerea* L.) font souvent de même. Quand le
centre du cristallisoir est libre d'obstacle, l'animal peut chercher à le gagner et à s'y maintenir (Lézards), la tête seule alors
est maintenue en anticinèse.

Parfois, les animaux, au lieu de suivre d'une manière constante la périphérie du récipient, cherchent à couper au plus
court suivant une corde soutendant un arc de cercle plus ou
moins grand du fond du récipient, mais pour continuer à progresser ensuite le long de la paroi, toujours en anticinèse.
Cette particularité a été observée surtout chez des sujets fatigués ;

5° L'optimum de vitesse peut varier par suite de fatigue, de
maladie ou d'intoxication ;

6° Dans ces conditions, la vitesse de progression en anticinèse se ralentit. Le sujet s'arrête même par instant pour repartir en anticinèse après des repos plus ou moins prolongés, mais
la tête reste toujours dirigée en anticinèse. A un degré plus
avancé, l'anticinèse cesse complètement de se manifester, l'animal reste définitivement à la même place (ce qui prouve, soit
dit en passant, qu'il n'entre en jeu dans ces expériences aucun
courant intérieur). Mais il peut se produire un phénomène plus
curieux, observé chez des animaux fatigués ou intoxiqués. Le
sujet cesse de marcher en anticinèse, s'arrête, puis, se retour-
nant brusquement, il se met à progresser en sens inverse,
c'est-à-dire dans le même sens de rotation que le plateau. A
ce phénomène j'ai donné le nom d'*homocinèse*. Il est particulièrement facile à provoquer avec les Poissons (*Gobius*

niger L. et *Gobius quadrimaculatus* Valenc), plongés dans une solution au 1/1.000° de chlorhydrate de cocaïne dans l'eau de mer ;

7° Dans la plupart des espèces examinées, l'anticinèse se produit immédiatement ; pour d'autres, il y a une période d'attente, pendant laquelle il semble se faire, comme dans d'autres cas d'irritation directe ou réflexe, des phénomènes d'addition latente, d'induction. Enfin, plus rarement, on observe une période préliminaire d'hésitation, de tâtonnements avant que la direction anticinétique exacte soit trouvée, quelque chose qui rappelle les « essais » observés chez les Infusoires pour certains tropismes par Jennings : ces « essais » sont surtout remarquables quand le sujet rencontre un obstacle. Quand cela est possible, il finit par le contourner et reprend sa direction première une fois l'obstacle dépassé. D'autre fois, surtout si l'obstacle est infranchissable, il s'arrête à son niveau la tête dirigée en anticinèse ;

8° L'anticinèse partielle se maintient dans le plus profond sommeil (déviation de la tête chez la Marmotte endormie, v. p. 2) (1) ;

9° Dans l'état de veille, l'intégrité de l'encéphale (suppression du cerveau antérieur et d'une partie du cerveau moyen chez l'Oiseau, v. p. 2) n'est pas indispensable. La section de la moelle dans la région cervicale (Crapauds, Anguilles) ne supprime pas l'anticinèse. Dans un cas même, j'ai vu la section de la moelle cervicale rétablir l'anticinèse chez une Anguille qui restait immobile, sans doute par fatigue. Chez les Vertébrés surtout, l'anticinèse étant un phénomène réflexe, ce résultat n'est pas surprenant, car on sait que la section de la moelle cervicale exagère les réflexes médullaires inférieurs. L'ablation totale de la tête n'empêche pas non plus l'anticinèse de se produire (Anguille, certains Insectes) et j'ai dit (p. 2) que l'encapuchonnement et surtout la cécité favorisaient même beaucoup la manifestation de l'anticinèse chez l'Oiseau ;

(1) *Remarque.* — Les physiologistes qui ont prétendu que le sommeil hivernal n'est pas comparable au sommeil ordinaire n'ont jamais étudié les Marmottes, sans quoi ils ne répéteraient pas à satiété cette énormité, qui se rapproche beaucoup plus du parti-pris préconçu que de l'erreur scientifique involontaire.

10° Des Chenilles de la Piéride du Chou se sont fixées et ont chrysalidé, leur extrémité antérieure tournée en anticinèse ;

11° La queue d'un Lézard, coupée près de sa racine et plongée dans l'eau, a progressé par bonds et par reptation ondulatoire en anticinèse, le gros bout en avant, pendant un temps assez long ;

12° Il n'y a pas lieu d'être surpris de ce fait, car les Végétaux eux-mêmes présentent des phénomènes d'anticinèse rotatoire. Les radicelles des bulbes d'Oignons (*Alium cepa* L.) placés à l'embouchure de vases en verre remplis d'eau se sont accrues en anticinèse en formant un angle très prononcé avec la verticale, ce qui n'avait pas lieu pour les témoins placés en dehors du plateau tournant. En outre, ces radicelles ont pris une forme hélicoïdale, dont le mouvement de développement s'est fait de droite à gauche autour de l'axe incliné à contre-mouvement : le plateau était animé d'une rotation de gauche à droite. Cet accroissement en *vrille* est certainement la résultante de forces composantes (force centrifuge, pesanteur) ajoutées à l'action de l'anticinèse rotatoire. Ceci n'a rien de surprenant, étant donné l'exquise sensibilité des extrémités radicellaires et des vrilles à la pression, puisqu'il suffit, d'après Mangin, d'une pression de 1 milligramme pendant vingt-cinq secondes pour provoquer la courbure des vrilles d'une Passiflore (1).

Les radicelles de blé placées dans un cristallisoir avec du sable humide se sont développées en anticinèse. Les tiges, beaucoup moins sensibles que les radicelles, n'ont pas été nettement influencées par la rotation. La lumière n'intervient pas dans ces phénomènes (2).

13° Dans toutes ces expériences, on ne peut attribuer la réaction anticinétique, ni à un courant provoqué dans l'eau

(1) *Traité de physique biologique de D'Arsonval et Chauveau*, t. I, p. 1143, Masson, Paris.

(2) *Remarque*. — Il importe de ne pas confondre nos expériences avec celles de Knight sur le géotropisme. Il s'est bien servi d'un plateau horizontal pour étudier l'action de la force centrifuge, mais il tournait à une grande vitesse. D'ailleurs, le géotropisme lui-même peut s'expliquer par l'anticinèse, car les racines poussent à contre-mouvement de la force centrifuge terrestre et ont à vaincre la résistance de la terre ou de l'eau, tandis que les tiges, dépourvues de la réaction anticinétique, n'ont à lutter que contre la pesanteur.

du récipient, s'il s'agit d'animaux immergés, ni à un mouvement de l'air dans le cas d'animaux marchant ou volant, ainsi que nous nous en sommes assuré par divers moyens avec les vitesses indiquées ;

14° Mais si, avec le dispositif indiqué plus haut (p. 4), on imprime à l'eau du récipient maintenu immobile un mouvement giratoire, l'anticinèse se produit aussitôt ;

15° Dans ce dernier cas, il ne s'agit plus d'anticinèse rotatoire proprement dite, mais de rhéotropisme positif ou, ce qui serait plus exactement dit, d'anticinèse rhéotropique (1).

Mais ces deux phénomènes ne doivent pas être confondus. Dans l'anticinèse rotatoire, les organismes sont plongés dans

(1) *Remarque*. — Au Congrès de psychologie tenu à Genève en 1909 (v. *C. R. du Congrès de Psychologie*, pp. 343 et 344), j'ai reproché aux physiologistes, en général, et en particulier à M. Loeb, qui y était présent, de se servir du mot « tropisme » pour désigner indistinctement des phénomènes très différents, par exemple l'héliotropisme végétal et un prétendu héliotropisme animal, que Loeb considère, à tort, comme étant de même nature que le premier. Les expressions de « tropisme positif » et de « tropisme négatif » sont antiscientifiques. Ainsi, il y a longtemps que Paul Bert a démontré qu'il n'y a pas de phototropisme négatif, ni de phototropisme positif : il n'y a pas, à proprement parler, d'animaux lucifuges ; tous se dirigent vers la lumière, à la condition que son intensité ne soit pas de nature à fatiguer l'organisme, auquel cas ils se dirigent, non pas contre le mouvement de la lumière, en *anticinèse*, mais suivant la direction de ce mouvement, en *homocinèse*. Le renversement des tropismes, expérimentalement provoqué, et à propos desquels Loeb a édifié des explications d'autant plus séduisantes pour certains esprits qu'elles étaient plus impénétrables, s'expliquent fort simplement, comme dans l'homocinèse rotatoire succédant à l'anticinèse dans nos expériences. On peut vraisemblablement étendre la notion d'anticinèse et d'homocinèse à tous les phénomènes désignés sous les noms de « tropismes », de « tactismes », etc., et à d'autres encore, car la réaction contre l'action qui, dans ces cas, est un mouvement, existe toujours quand il y a irritabilité ou sensibilité : tout dépend seulement du degré d'*intensité* de l'agent excitant, c'est-à-dire du mouvement ondulatoire ou autre mouvement excitateur. Il arrive même que l'anticinèse n'est pas égale pour des mouvements ondulatoires de vitesses différentes, par exemple pour les différentes radiations du spectre solaire. Mais j'aurai l'occasion de discuter autre part, d'une manière plus approfondie, cette importante question. J'ajouterai seulement que, dans les cas de « phototropismes positifs » ou de « rhéotropismes positifs », et de beaucoup d'autres tropismes, il s'agit toujours de pressions exercées, de « barotropismes », dans le sens propre du mot, produits par un mouvement agissant directement sur une substance anticinétique, tandis que dans l'anticinèse rotatoire l'excitation se fait indirectement, par la pression résultant de l'inertie relative du milieu et de l'organisme. Les phénomènes d'anticinèse pourraient alors former deux groupes : phénomènes d'anticinèse *directe*, et phénomènes d'anticinèse *indirecte*.

un milieu qui ne se déplace pas par rapport à eux, ainsi qu'il arrive à la surface du globe terrestre, où l'air et les eaux voyagent en même temps que les êtres qui les peuplent. Tandis que dans le rhéotropisme ou dans l' « aérotropisme », c'est le milieu qui tend à se déplacer par rapport à l'organisme. On ne peut faire intervenir dans notre anticinèse rotatoire que des pressions résultant de l'inertie relative du milieu.

C'est pour ce motif que j'ai cru devoir créer le néologisme « anticinèse » parce qu'il s'agissait d'un tropisme très spécial et que d'ailleurs le mot tropisme prête à confusion dans beaucoup de cas (1) ;

16° Le sens de la rotation n'a aucune importance, soit dans l'anticinèse partielle (v. p. 2), soit dans l'anticinèse totale ;

17° De même qu'il existe un rhéotropisme positif rectiligne, bien connu comme phénomène très général, il y a, comme je l'ai montré, un rhéotropisme rotatoire. Inversement, de même qu'il y a une anticinèse rotatoire, il doit y avoir une *anticinèse rectiligne*, et c'est probablement à cette réaction contrariée que l'on doit attribuer le malaise fréquemment accusé par les personnes qui voyagent en train rapide dans des compartiments même fermés, en tournant le dos à la direction suivie par le wagon.

II

En tenant compte de ce qui a été dit dans la remarque précédente, on pourait donner le nom d'*antiaérocinèse* directe à la réaction qui sollicite les organismes à voler contre le vent, dans le vol ramé de l'Oiseau, par exemple. A ce propos, je dirai que les explications proposées jusqu'à ce jour pour expliquer l'orientation des Oiseaux dans leurs migrations me paraissent absolument insuffisantes, sinon complètement erronées. Ainsi P. Bonnier (2) dit qu'il a été reconnu depuis longtemps qu'aucun des cinq sens, pris isolément, ni même le concours de plusieurs sens, ne pourra expliquer la facilité avec laquelle certains animaux parcourent sans hésitation d'énormes distances,

(1) Voir la remarque de la page 9.
(2) P. Bonnier, Orientation, sens de la direction : *Scientia*, p. 81, Carré et Naud, éd., Paris.

à travers des milieux où les repères visuels et olfactifs font parfois défaut, en allant vers un point qu'ils ne peuvent directement ni voir, ni sentir. Bonnier combat particulièrement l'hypothèse de Viguier de l'action magnétique s'exerçant sur les canaux semi-circulaires, et celle de Russel Vallace et de G. Roberston, basée sur l'odorat, qui peut être applicable au chien, mais c'est tout. Il n'admet pas non plus l'intervention d'un véritable instinct, en donnant à ce mot sa signification biologique, d'*habitude héréditaire*, ou, si l'on préfère, de *mémoire congénitale*. Bonnier ne pense pas que l'on puisse admettre chez un animal la faculté de se diriger à distance et sans repères objectifs, vers un point qui lui est inconnu, s'il n'est guidé par des individus plus âgés. Mais on a fait observer avec raison que cette explication, pas plus que les autres, ne peut convenir aux Oiseaux qui n'effectuent pas leurs migrations en troupes, et encore moins aux voyages des Acridiens (Sauterelles), des Libellules et autres Insectes migrateurs. Dans ce dernier cas, en effet, tous les individus sont de même âge, ils n'ont pas connu leurs ascendants et pourtant ils se dirigent avec ensemble vers certains points déterminés, allant *souvent contre le vent*, contournant les obstacles, gardant même après le repos des étapes une direction déterminée.

On peut ajouter que ces migrations sont périodiques, ou bien irrégulières, au moins en apparence, comme le vol des Libellules observé par Giard (1) le 6 juin 1886. Ce ne sont pas les trop nombreuses éclosions ni le manque de nourriture invoqués qui peuvent nous expliquer la direction du vol, c'est seulement celle du vent. Il ne faut pas confondre la direction avec la raison du départ.

Le vent *debout* est favorable au vol de l'Insecte, comme il est favorable au vol ramé de l'Oiseau. Dans le vol ramé, d'après Marey (2), l'effet de la translation accroît la résistance que l'air présente à l'aile qui s'abaisse. La vitesse acquise est favorable

---

(1) Giard, Un Convoi migrateur de *Libellula quadrimaculata* L. dans le Nord de la France (*C. R. de la Soc. de Biol.*, p. 423, 1889). Ce vol a duré six heures et occupait une longueur d'environ 6 kilomètres. Les Libellules *volaient contre le vent*, du S.-S.-O. au N.-N.-E.

(2) *Traité de physique biologique de Chauveau et D'Arsonval*, t. I, p. 279, Masson, Paris, 1901.

au vol en accroissant la résistance à la surface de l'aile : c'est pourquoi l'on voit certains Oiseaux courir avant l'essor pour acquérir cette vitesse ; par réciprocité naturelle, si le vent souffle avec quelque force, l'Oiseau trouve également un surcroît de résistance de l'air, il s'envole *contre le vent* : c'est ce qui s'observe sur les Cailles, les Perdreaux et certaines autres espèces qui, dans les temps calmes, sont parfois difficiles à lever. Certains Oiseaux volent sur place sans progresser : l'Alouette au printemps, et l'Epervier en chasse, sont de ce nombre ; dans ce cas, l'Oiseau a toujours le bec tourné du côté d'où vient le vent.

Toutes les causes qui amènent des changements de température dans certaines parties de l'air atmosphérique produisent nécessairement des mouvements, dont la rapidité et la force varient suivant les circonstances. L'Afrique méridionale est très fortement chauffée en été par les rayons solaires et, en hiver, les terres et les mers du Nord subissent des froids très rigoureux. A chacune de ces différences de température correspondent des courants atmosphériques divers, qui en sont la conséquence. La différence de température entre les saisons extrêmes détermine des « moussons », que l'on pourrait appeler « brise des saisons ». La différence de température entre les tropiques et les pôles détermine les vents alizés, dont la constance résulte de l'inégalité permanente de distribution de la chaleur solaire entre les régions atmosphériques de notre globe.

Le mouvement de la Terre autour de son axe a également une grande influence sur les vents. La vitesse de chaque point de la surface terrestre est proportionnelle au rayon du parallèle qui passe par ce point. Nulle au Pôle, cette vitesse est à son maximum à l'Equateur. Dans l'état calme, on suppose que l'air prend la vitesse du lieu au-dessus duquel il se trouve et quand, par une cause quelconque, une masse d'air se meut le long d'un même parallèle, la rotation de la Terre est alors sans influence sur sa vitesse. Si, au contraire, cette masse se meut du Pôle vers l'Equateur, elle passe successivement par des points dont la vitesse de rotation est plus grande que la sienne et, retardant ainsi sur le mouvement de la Terre, sa vitesse l'affecte, comme si cette masse se mouvait de l'Orient vers l'Oc-

cident, alors cette déviation est d'autant plus grande entre le
point de départ du courant et son point d'arrivée.

Il est utile de faire remarquer également que, quand ces
courants aériens prennent naissance par suite d'une inégalité
de température entre deux contrées, le courant d'air froid, plus
dense, est au-dessous du courant d'air chaud, plus léger, et de
sens inverse. A l'entrée de l'hiver, par conséquent au moment
où les migrations des Oiseaux ont lieu, le courant d'air chaud
se dirigera dans les parties élevées de l'atmosphère du Sud au
Nord ou plus exactement du Sud-Ouest au Nord-Est ; or,
d'une part, c'est précisément la direction contraire qui est suivie par les Oiseaux migrateurs, et, d'autre part, leur vol a lieu
dans des parties élevées de l'atmosphère. Le cours des rivières,
des courants marins, le voisinage des montagnes, de la mer,
en changeant les conditions atmosphériques elles-mêmes, peuvent aussi modifier la route primitive. Il en est de même des
tempêtes, qui entraînent souvent des Oiseaux dans des régions
où ils ne viennent pas ordinairement dans certaines saisons.
Normalement, il faut que la vitesse du vent soit régulière,
constante et pas trop forte.

Cette curieuse coïncidence des courants aériens avec les migrations des Oiseaux n'avait pas échappé à Joly (1), qui dit, à
propos de ces derniers : « Concluons qu'ici, comme ailleurs,
une harmonie vraiment préétablie préside aux instincts, les
détermine et les dirige. Sans doute, chez les animaux supé-
rieurs, le milieu interne s'isole, s'affranchit, de plus en plus,
du milieu cosmique, mais il subit toujours l'influence des conditions atmosphériques. »

Des phénomènes analogues se passent au sein des eaux et ne
sont pas étrangers aux migrations des animaux aquatiques,
tous franchement antirhéotropiques. En tous cas, l'influence
de l'antiaérocinèse directe sur les migrations des Oiseaux me
paraît évidente, incontestable.

J'ai trouvé à ce sujet de curieux renseignements dans un
article de vulgarisation de Camille Flammarion (2).

En 1905, les Hirondelles ont été en retard dans leur départ,
un peu partout ; en Belgique, notamment aux environs de

(1) Joly, *De l'Instinct*, p. 100, Paris, 1873.
(2) V. *le Petit Marseillais*, 21 décembre 1905.

Bruxelles, on en voyait encore le 28 Octobre, alors que le départ est ordinairement le 20 Septembre. Au commencement de Novembre, beaucoup sont restées aux environs de Mulhouse, de Berne, de Lucerne, mourant de faim et de froid.

On fit alors diverses hypothèses pour expliquer pourquoi ces retardataires n'avaient pas su ou pu s'envoler vers les pays du Soleil.

« Parmi d'autres, dit Camille Flammarion, j'ai pu relever les suivantes :

« Un correspondant de Saint-Quentin, M. Barnier, écrit que c'est la direction du vent qui agit le plus efficacement et qu'elles ont attendu pour partir le vent du *Sud*, car elles voyagent avec *vent debout*. M. le général Mangin, à Douai, assure également que ces Oiseaux voyagent en *faisant face au vent*, et un grand nombre d'observateurs sont de son avis. »

« Une observation faite à la Tronche, près de Grenoble, par M. Lambert, confirme les précédentes, en constatant que ce jour-là les dernières Hirondelles ont disparu par vent *Sud-Ouest*. »

Flammarion objecte qu'il y a eu sûrement des vents du Sud entre la fin de Septembre et la fin de Novembre. Le savant astronome ne l'affirme pas et peut-être aussi n'ont-ils pas eu la constance et la vitesse voulues. En effet, il ajoute : « Tout le monde a remarqué, cette année, la variation incessante de tous les éléments atmosphériques. Le baromètre a montré des hausses et des baisses perpétuelles. Il en a été de même du thermomètre. Cyclones, tempêtes, trombes se sont succédé sans relâche, amenant partout des désastres, sans compter les tremblements de terre et les manifestations électriques. Cette agitation a correspondu à l'agitation intrinsèque du Soleil. Dans le cours de cette année, six taches solaires ont été assez énormes pour êtres vues à l'œil nu, et l'une d'entre elles, celle d'Octobre, d'un diamètre quinze fois plus grand que celui de la Terre, est la plus gigantesque qui ait jamais été mesurée. Or, on sait quels êtres sensitifs sont les Hirondelles. Qu'y aurait-il d'extraordinaire à ce qu'elles aient été désorientées dans ces troubles perpétuels. J'ai raconté, il y a quelques mois, que leur arrivée correspond sensiblement à l'activité du Soleil, pourquoi n'en serait-il pas de même de leur départ ? »

Au contraire, dans l'Oise, en 1915, le départ des Hirondelles a avancé d'un grand mois, et M. Xavier Raspail, qui rapporte ce fait, se demande si ce départ prématuré ne serait pas en rapport avec l'effroyable guerre qui secoue « comme une convulsion volcanique » l'Europe entière (1).

Ce qu'il y a de certain, c'est que cette triste période a été également accompagnée de multiples et extraordinaires perturbations cosmiques (2).

Mais il n'y a là aucun argument opposé à l'explication des migrations par l'antiaérocinèse, au contraire. Les mouvements aériens étant en rapport avec les modifications de la température et celle-ci avec les taches du Soleil, tout cela forme un faisceau de preuves convergentes. Le même raisonnement peut s'appliquer à cette remarque de Giard, à savoir que les migrations ou les vols de Sauterelles sont aussi dans une relation certaine avec les taches du Soleil, on peut même dire avec les courants magnétiques telluriques, puisque ces derniers sont aussi dans un rapport étroit avec les taches du Soleil. Ces remarques prouvent simplement que tout dans la Nature s'enchaîne dans un admirable déterminisme.

On a vu maintes fois que les Oiseaux, comme aussi les Sauterelles et d'autres Insectes dans leurs migrations volaient contre le vent. Ce qui a pu tromper certains observateurs, particulièrement les chasseurs, c'est qu'ils n'ont pas tenu compte de la direction du vent d'en haut, mais seulement du vent inférieur. Il y en a même qui ont prétendu que le meilleur temps pour le passage des Oiseaux était le temps calme. Cette opinion vient de ce que les Oiseaux s'arrêtent par temps calme et descendent : on peut alors les tuer ou les capturer facilement. D'après M. Maurice de la Fuye (3), la préférence des Oiseaux va aux *vents en tête*, c'est-à-dire, si nous considérons la grande voie d'Espagne, les vents du Sud-Ouest et de l'Ouest... ; il est reconnu que le vent arrière ne leur va pas du tout.

On voit les Oiseaux migrateurs consulter, non les vents de

---

(1) Départ prématuré d'Hirondelles en 1915 (*Revue française d'Ornithologie*, 7 février 1916).

(2) V. Les Astres et la Guerre, par Camille Flammarion (*le Petit Marseillais*, 7 février 1915). V. pp. 42-44.

(3) *Revue française d'Ornithologie*, 7 octobre 1915.

surface trop troublés par le voisinage des fleuves, des montagnes, des vallées, de la mer, etc., mais les régions plus élevées. Comme les Pigeons voyageurs avant leur départ, ils s'élèvent à de grandes hauteurs parfois, en tournoyant : ils semblent véritablement *chercher le vent*. Ce vent doit être le plus favorable au vol ramé et de direction contraire à celui qui les a amenés au point d'où ils veulent repartir pour retrouver le colombier, ou bien la région où la bonne saison, suivant le même chemin qu'eux, les aura précédés, pour leur offrir, au retour, les moyens de se nourrir et de se reproduire : nourriture abondante, bon gîte et... le reste !

J'ai observé, et d'autres sans doute également, ce que j'appellerai l' « épreuve de direction du vent » chez les Hirondelles. Au moment de leur départ, qui a eu lieu, cette année, à Tamaris, au commencement d'Octobre, les Hirondelles s'étaient réunies et perchées, en grand nombre, sur les fils télégraphiques passant au bord de la mer, parallèlement à la façade de mon laboratoire, où elles étaient à l'abri des vents du Nord-Ouest (Mistral). Elles avaient la tête tournée du côté de la mer et, de temps à autre, deux ou trois Hirondelles s'élançaient en avant avec de petits cris, explorant l'espace, puis venaient reprendre leur place : un peu plus tard, d'autres partaient encore, puis revenaient, et ce manège dura jusqu'au moment du départ de toute la troupe.

Lorsqu'on lâche des Pigeons voyageurs à de grandes hauteurs, ils descendent jusqu'au niveau où ils s'élèvent d'habitude quand ils sont lâchés de la Terre, et tournoient jusqu'à ce qu'ils aient reconnu l'orientation favorable.

Parmi les Oiseaux migrateurs, les Oies sauvages, qui volent en triangle, comme pour mieux fendre le vent, sont les premières à se mettre en route. Leur arrivée à Paris, à une époque précoce, présage un hiver rigoureux. Les grands courants aériens sont alors également plus précoces.

Il n'est pas inutile de noter également que les Pigeons voyageurs, embarqués sur mer, réagissent en sens inverse du roulis et du tangage, le cou tendu vers l'avant pendant la veille. Pendant le sommeil, le corps entier se déplace sans que les pattes bougent et sans malaise. Autrement dit, le Pigeon conserve toujours son centre de gravité, grâce à une flexion naturelle des cuisses faisant office de suspension mobile. Il y a bien là quelque chose d'analogue à ce qui se passe chez la Marmotte en sommeil, c'est-à-dire une réaction réflexe contre un mouvement tendant à entraîner l'animal.

De tout ceci, il résulte que l'on doit admettre que le sens du mouvement de migration saisonnière des Oiseaux, comme les vols irréguliers ou réguliers d'autres animaux, est le résultat d'une réaction provoquée par une pression continue déterminant une progression en sens inverse. Cette réaction se manifeste par des effets que l'on rencontre dans des circonstances analogues, mais dans d'autres milieux.

Elle ne doit pas être confondue avec le besoin impérieux qu'éprouvent instinctivement les Oiseaux de se déplacer, mais détermine seulement le sens dans lequel se fera le déplacement.

Avant le départ, les Oiseaux, en particulier les Hirondelles, sont très agités, battent des ailes, poussent des cris et se rassemblent comme des volontaires qui vont partir en guerre.

Ce besoin physiologique est si irrésistible que les Cailles sauvages que l'on détient en cage, au moment de la migration, sont plus agitées encore qu'en liberté, puis elles deviennent tristes, refusent la nourriture et meurent.

Dans une étude bibliographique, à laquelle l'auteur a ajouté quelques observations personnelles (1), Dewitz montre, par de nombreux exemples, que toujours, ou presque toujours, les organismes aquatiques, animaux ou même végétaux, se dirigent, se déplacent ou s'orientent en sens inverse de celui du courant. On a constaté le rhéotropisme positif (il serait préférable de dire l'*antirhéocinèse*, v. p. 9) non seulement chez des Poissons mais encore chez des larves de Batraciens, chez des Insectes aquatiques et même chez des Oiseaux aquatiques (Pluvier, Martin-Pêcheur, quand ils plongent). Des spermatozoïdes de *Paludina vivipara*, et d'autres, se seraient comportés de même, ainsi que les plasmodies de Myxomycètes, des mycéliums de Champignons, des racines de plantes et même des bacilles (Roth).

Donc, d'une part, nous constatons que cette réaction contre

(1) Dewitz, Uber den Reotropismus bei Thieren (*Arch. f. Anat. und Physiol.*, 1899, Strasbourg).

la pression produite par un courant est un phénomène très général, et, d'autre part, que le rhéotropisme positif, qui a les plus grandes analogies avec l'aérotropisme positif ou antiaérocinèse directe, ressemble beaucoup à l'anticinèse indirecte rotatoire, bien qu'il en soit nettement distinct (v. p. 9).

Tous ces phénomènes se présentent comme une propriété physiologique générale de la substance vivante, c'est-à-dire de l'irritabilité, même quand elle n'est pas différenciée en sensibilité et motilité par la division du travail fonctionnel.

Cette réaction pourrait même, en prenant naissance dans de grandes masses d'êtres vivants, engendrer à la longue des effets d'une importance considérable. La formation ou simplement l'accroissement de récifs de coraux, d'îles et de continents n'aurait pas eu d'autre cause que le développement des polypes se faisant à contresens du mouvement des courants.

Il est à remarquer également que les organismes inférieurs subissant l'action du rhéotropisme et même de l'aérotropisme se réunissent en agglomérations, comme les Poissons et les Oiseaux migrateurs. Nous verrons plus loin qu'il en est souvent ainsi pour certains mammifères et même pour les Hommes obéissant à l'impulsion anticinétique dans les émigrations anciennes, récentes ou même actuelles.

III

Que le fluide soit extérieur à l'organisme, comme dans le rhéotropisme, ou bien qu'il fasse pour ainsi dire corps avec lui, comme dans l'anticinèse rotatoire, de simples déplacements d'une des deux parties ou des deux à la fois, peuvent imprimer aux organismes vivants une direction déterminée, par simple réaction irritative directe ou par un effet réflexe, même très rudimentaire (animaux décapités, queue de Lézard, etc.).

Cette considération fait immédiatement penser à ce qui se passe dans les organes, où les physiologistes s'accordent à placer le sens de l'orientation et de la direction, c'est-à-dire dans l'oreille interne chez les organismes élevés en organisation, et dans les otolithes chez les plus inférieurs. Ces organes sont toujours remplis de liquide en contact avec des terminaisons sensorielles. Celui-ci est susceptible alors, par ses déplacements, de les irriter directement ou par l'intermédiaire de corps solides en suspension dans ce milieu fluctuant. Chez les organismes les plus inférieurs, c'est l'irritabilité de l'ectoplasme qui peut être mise directement en jeu, puis on voit apparaître des cils, des tentacules, en un mot des organes de tactilité externe proprement dite, comme chez certaines Méduses. Ensuite, chez des types très voisins, se montrent les premières formations calcaires et épithéliales : le tentacule, dont l'otolithe est encore en contact avec le liquide extérieur, s'invaginera chez un type un peu plus élevé, mais encore très rapproché, et la cavité renfermera alors un liquide au sein duquel peut se déplacer l'otolithe pour impressionner les terminaisons tactiles. Mais chez des êtres beaucoup plus élevés que les Méduses, les organes latéraux de certains Poissons et de quelques Amphibiens, servant à l'orientation et à la direction, restent ouverts et en contact avec le liquide extérieur, dont les déplacements propres, ou ceux provoqués par l'animal, peuvent actionner, par l'irritation des extrémités sensorielles, les centres médullaires ou cérébraux.

En ce qui concerne les organismes les plus différenciés, chez lesquels le sens de la direction et de l'orientation paraît s'être localisé dans l'oreille interne, certains auteurs admettent que des déplacements de liquide n'ont pas lieu dans les canaux semi-circulaires et dans l'utricule, mais seulement des déplacements des otogonies. Outre que la preuve de cette hypothèse fait défaut, on peut objecter que le déplacement du liquide par rapport à la paroi sensible ou irritable n'est pas plus nécessaire ici que dans le cas de l'anticinèse, où le liquide et la partie impressionnable se déplacent en même temps, et où il se produit pourtant fatalement des phénomènes d'orientation incontestables.

De son côté, Brauer a soutenu qu'il se faisait des déplacements de l'endolymphe *en sens inverse des mouvements de déplacement de l'organe*, qui entraîneraient les cils et les crêtes acoustiques en produisant, en même temps, un frottement contre l'endothélium des canaux. Ne pourrait-on pas dire aussi bien qu'il se produit des mouvements de déplacement des cils et des crêtes acoustiques en sens inverse du déplacement du

liquide et, dès lors, ne devient-il pas évident que l'on se trou-
verait en présence d'un phénomène de rhéotropisme ?

Goltz croyait que l'endolymphe exerçait simplement une
pression plus grande sur les ampoules et sur les crêtes acoustiques quand, dans les mouvements de la tête, les ampoules se
trouvaient plus bas : il se faisait alors des *variations de pression* renseignant sur les positions de la tête par rapport à ses
axes.

Mach prétendit qu'il ne se produisait pas un déplacement
de l'endolymphe, mais une *pression plus forte* en sens inverse
du mouvement, ou, ce qui revient au même, un mouvement
en sens inverse de la pression, et ce serait alors un véritable
phénomène d'anticinèse.

Enfin, d'après Ch.-J. Kœning (1), les canaux étant capil-
laires, il ne peut se faire un déplacement du liquide qu'ils con-
tiennent. Il accepte avec Bonnier et Delage une théorie qui
explique les phénomènes aussi bien que celle de Brauer :

« L'endolymphe, dit-il, ne fait pas un véritable recul, mais,
par son inertie, elle manifeste une certaine indocilité à suivre
le mouvement du canal. Il y a une tendance au recul, qui suffit à entraîner les cils des crêtes acoustiques, qui forment des
masses compactes, et à produire un léger frottement de l'endothélium. »

« La sensibilité des canaux, développée en nous avec l'âge
et par instinct, est attribuée à une sensation de *rotation*. »

On peut donc dire que, s'il y a déplacement du liquide, on
a affaire à un phénomène de rhéotropisme et que, dans le cas
contraire, le mécanisme intime des organes différenciés du
sens de l'orientation et de la direction doit être rangé dans la
catégorie de ceux que nous avons groupés sous le nom de
phénomènes anticinétiques. Dès lors, il devient bien évident
qu'il y a intérêt et urgence à débarrasser la Science de tout le
fatras de théories plus ou moins ingénieuses, soutenues et com-
battues tour à tour, et qui ne reposent que sur des hypothèses
gratuites, par exemple celle de Bonnier, qui veut que les migrations des Oiseaux, ainsi que le sens de l'orientation et de la

(1) Ch.-J. Kœning, *Contribution à l'étude expérimentale des canaux semi-
circulaires*, Félix Alcan, éd., Paris, 1897, p. 128.

direction, soient dus à un instinct résultant d'une mémoire plus ou moins inconsciente des habitudes contractées par les ascendants et transmises par eux à leurs descendants, qui peuvent utiliser, à un moment donné, l'expérience acquise par des parents qu'ils n'ont pas connus.

C'est de la poésie, qui n'a rien de commun avec la prosaïque mais très simple explication mécaniste que nous ont suggérée les nombreux faits que nous avons observés ou provoqués, et qui a l'avantage de grouper en une théorie permettant d'expliquer tous les faits connus, et d'en découvrir de nouveaux, comme j'ai l'espoir de pouvoir le démontrer ultérieurement.

Mes expériences établissent qu'il y a une relation entre la direction du mouvement rotatoire, qu'il soit dirigé de gauche à droite ou de droite à gauche, et l'orientation prise par l'individu, ainsi qu'avec son activité de déplacement, qu'il marche, vole ou nage.

IV

Les organismes vivants se trouvant à la surface d'un globe qui tourne sur lui-même en vingt-quatre heures, comme notre récipient tourne en quelques secondes, on peut se demander s'il ne se passe rien d'analogue entre les phénomènes que nous provoquons expérimentalement dans le laboratoire et ceux que l'on peut observer dans la Nature. L'attention ne me paraît pas avoir été suffisamment attirée de ce côté, depuis la publication de mes conférences à la Société philotechnique du Maine (1), ni même avant.

On sait que les grandes cités ont une tendance marquée à se développer vers l'Ouest, et Ch. Ferré (2) mentionne un certain nombre de documents indiquant que l'orientation, c'est-à-dire la position de l'organisme par rapport au mouvement de rotation de la Terre n'est pas sans influence sur ses manifestations individuelles. Certaines personnes saines auraient remarqué que leur sommeil était meilleur quand leur lit était orienté

(1) Loc. cit., p. 1.
(2) Ch. Ferré, De l'influence de l'orientation sur l'activité et la durée du travail (C. R. de la Société de Biologie, p. 244, 1904).

suivant le méridien ; que des malades avaient été soulagés de leurs souffrances par le même procédé, et que d'autres auraient constaté une plus grande facilité dans l'exécution de certains travaux quand elles faisaient face à l'Ouest. Enfin, Musset aurait observé une tendance des arbres, manifestée dans le tronc et dans les branches, à se développer dans le sens de l'Est à l'Ouest. Ch. Ferré a fait, à l'aide de l'ergographe, des recherches sur l'*influence de l'orientation sur l'activité et la durée du travail* (1), d'où il résulterait que l'orientation a une influence sur le travail prolongé ; l'orientation la plus favorable à la durée et à la qualité du travail serait vers l'Ouest. Au cours de ses expériences, Ch. Ferré a même fait une remarque bien curieuse, au point de vue des relations existant entre l'anticinèse et l'orientation, à savoir que l'effet de l'orientation peut être obtenu par la seule rotation de la tête. Mais, sans avoir recours à l'expérimentation, la Nature ne nous fournit-elle pas des exemples de relations entre l'orientation et l'activité vitale?

Dans le monde animal, en dehors des migrations dont j'ai longuement parlé plus haut, on a noté des faits bien singuliers, entre autres celui qui a été observé par le professeur Barrois, de Lille, qui est un véritable exemple d'anticinèse rotatoire terrestre (2).

Au mois de Septembre 1875, dans le Morbihan, M. Barrois constata que, le long d'une route orientée de l'Est à l'Ouest, se trouvait un fil télégraphique suivant les bas côtés de la route. Des Libellules vinrent s'y poser, comme les Hirondelles quand elles se rassemblent au moment du départ. Il y en avait une multitude, mais le singulier de ce rassemblement, c'est que toutes les Libellules se plaçaient uniformément à des distances en quelque sorte mathématiquement égales l'une de l'autre, et toutes strictement dans la même position, c'est-à-dire le corps dans l'axe du fil métallique, la tête tournée vers l'Ouest et regardant le Soleil couchant, tandis que l'abdomen faisait avec le fil un angle d'environ 25 degrés.

Les Libellules arrivaient de tous côtés et se posaient à des distances égales de 70 à 80 centimètres, toujours la tête en

(1) *Loc. cit.*, p. 21.
(2) V. *Bulletin de la Société nationale d'Acclimatation*, 1875.

avant, puis elles restaient ainsi immobiles, comme paralysées. Il y en avait une rangée ininterrompue sur une longueur de 12 kilomètres. M. Barrois a estimé leur nombre à environ 60.000. « *Or, dit-il, la route tournait brusquement dans la direction du Sud. Plus de Libellules. Le fil était, à partir du coude de la route, absolument dépourvu d'insectes. Avec le changement d'orientation, le fil télégraphique semblait perdre toute sa valeur attractive.* »

Et, d'ailleurs, qui ne sait que les grandes émigrations (1) se sont, dans tous les temps, effectuées de l'Orient vers l'Occident ?

Contrairement à l'opinion que j'avais émise en 1881 (2), beaucoup de paléontologistes pensaient, à cette époque, que la naissance ou l'évolution des espèces s'était faite sur place et que les lacunes existant entre les chaînons superposés en différentes couches géologiques successives dans le même lieu tenaient à des causes locales de destruction. D'autres même soutenaient encore l'idée prêtée à Cuvier, bien à tort, d'après mon savant collègue, Charles Depéret (3), des créations successives, comme pouvant seule expliquer la rareté ou l'absence de formes de passage dans une même région. Au contraire, il faudrait rapporter à Cuvier l'honneur d'avoir posé, avec une netteté parfaite et une exactitude admirable, l'hypothèse si importante et si féconde du renouvellement des faunes par *voie de migration*. Ces migrations étaient rendues possibles par des connexions *passagères* entre les continents.

Plus tard, de nombreux paléontologistes, depuis Cuvier jusqu'à Depéret, pour les Vertébrés terrestres, et autres savants, pour les Invertébrés, ont porté leurs études sur ces phénomènes et en ont fait ressortir la portée.

Comme le dit M. Ch. Depéret (4), « il est permis d'affirmer

---

(1) *Nota.* — Il ne faut pas confondre les « migrations » périodiques et reversibles des animaux voyageurs avec les émigrations ayant un caractère permanent. Les migrations sont non seulement en rapport avec le mouvement de rotation de la Terre sur elle-même, mais encore, et surtout, avec celui de la Terre autour du Soleil, dont dépendent les saisons.

(2) *Loc. cit.,* p. 1.

(3) Ch. Depéret, Les transformations du monde animal, 1907, Paris: *Bibliothèque de philosophie scientifique de Flammarion,* p. 13.

(4) *Loc. cit.,* p. 290.

que l'évolution d'un groupe ne s'est presque jamais faite sur un même point du Globe. Presque toujours, les représentants successifs d'un rameau doué de longévité, tant soit peu considérable, ont émigré à plusieurs reprises au cours de leur histoire, s'éteignant dans une région pour aller poursuivre, dans une autre contrée plus ou moins lointaine, une phase nouvelle de leur destinée morphologique. »

Ce qui nous intéresserait le plus pour la thèse que nous soutenons serait de connaître au juste quelle a été l'orientation de ces migrations, ou plutôt de ces émigrations. Mais, de vastes territoires sont encore inexplorés, d'autres sont au fond des mers, dans des abîmes insondables, et il est vraisemblable que la « feuille de route » de l'immense majorité des espèces fossiles restera criblée de lacunes. L'orientation due à l'anticinèse terrestre a certainement été modifiée bien souvent par l'apparition de nouveaux continents et la disparition de plus anciens, par les ruptures de communications entre les uns et les autres, la formation corrélative des mers, etc. Ces obstacles ont dû produire des déviations ou même des arrêts, comme ceux que j'introduis à volonté dans mes récipients tournants, parfois aussi des remous. Les organismes, en présence de l'obstacle, reculent provisoirement en arrière, puis reviennent à contre-mouvement, effectuant des tâtonnements, des essais, comme dirait Jennings, qui leur permettent finalement d'émigrer ou bien les contraignent, soit à s'adapter au milieu, soit à disparaître faute d'adaptation possible.

Dans les temps géologiques, d'autres causes encore ont introduit sans doute des perturbations, telles les changements de climat. Sous leur influence, se sont produits des déplacements de végétaux; les animaux herbivores, qui en faisaient leur nourriture, ont dû les suivre et être suivis eux-mêmes par les carnivores, enfin par l'Homme omnivore, alors qu'il n'était encore ni agriculteur, ni pasteur, mais simplement chasseur et pêcheur. Ces derniers semblent avoir été moins nomades que les chasseurs et les pasteurs, comme l'indique la persistance à travers les âges des habitations lacustres.

Il n'est pas inutile de faire remarquer que les changements de climat sont des phénomènes cosmiques en relation étroite avec la gravitation du système solaire, où *tout tourne*.

Malheureusement, en ce qui concerne les temps géologiques, je n'ai pu tirer des ouvrages que j'ai consultés, en particulier du récent livre de M. Depéret, sur *les transformations du monde animal*, que quelques vagues indications ne permettant ni d'affirmer, ni d'infirmer l'influence de l'anticinèse sur les migrations des espèces autour de la terre.

Si l'on voit bien, par exemple, que le *Mastodon arvansis*, l'*Elephas meridionalis*, l'*Elephas antiquus* et les Mammouths, pour ne parler que des Proboscidiens, ont marché de l'Est à l'Ouest, c'est-à-dire de France en Angleterre, pendant une phase géologique s'étendant depuis le pliocène jusque vers la fin des temps quaternaires, alors qu'un isthme de jonction existait entre ces deux contrées (1), que la faune malacologique du Crag noir du myocène de Belgique est venue de l'Est, puisqu'on trouve ses ancêtres dans les myocènes anciens de l'Allemagne du Nord et que cette faune miocène belge a continué à progresser toujours de l'Est vers l'Ouest, en se modifiant un peu, pour s'épanouir, dans le Suffolk anglais, en une faune pliocène d'un caractère moins méridional, et qui forme sa descendance naturelle ; en revanche, nous voyons que la fermeture de l'isthme de Panama, à l'époque pliocène, a établi une connexion de date très récente entre les deux Amériques, permettant seulement, à cette époque, des échanges d'animaux terrestres dans les deux sens : les Mastodontes et les Chevaux émigrant vers le Sud, tandis que les Edentés s'introduisaient, par une migration inverse, dans l'Amérique du Nord.

L'anticinèse rotatoire entraînant tous les organismes vivants dans une même direction contraire au mouvement giratoire, il est probable que ces déplacements en latitude soient dus à des influences d'une autre nature, combinées peut-être avec l'anticinèse pour donner une résultante spéciale : d'ailleurs, ces émigrations paraissent avoir été très limitées par rapport à d'autres, surtout par rapport aux organismes qui ne les ont pas effectuées.

De ces faits de détail, et d'autres encore, il ne faudrait pas conclure que l'anticinèse n'a pas joué un grand rôle dans les temps anciens, mais peut-être sous des formes diverses. Le

(1) *Loc, cit.*, v. p. 293.

rôle des grands courants marins dans la dispersion des espèces est indéniable ; il s'agit encore là d'une question d'anticinèse rotatoire, si l'on prend le mot « anticinèse » dans sa plus large acception et qu'on l'applique au rhéotropisme positif, quand il s'agit de courants liquides. F. Fischer, puis Locard, ont bien dit que les Mollusques littoraux actuels des régions arctiques de l'Atlantique du Nord se sont propagés vers le Sud, jusque dans la région équatoriale, en *suivant* le double courant froid profond qui longe les côtes de l'Europe et celles de l'Amérique. Mais à un courant ascendant correspond un courant descendant, et l'on peut tout aussi bien dire que les migrations de ces organismes, dont les larves nagent, ont remonté par rhéotropisme positif, suivant la règle générale, des courants venant de l'Equateur vers les Pôles. Il ne faut pas perdre de vue que ces grands courants marins, étant le résultat de l'inégal échauffement de différents points de la terre, sont encore dans un rapport étroit avec la rotation du Globe sur lui-même : journées chaudes, prolongées et nuits douces à l'Equateur ; nuits prolongées aux Pôles, jours froids, et aussi avec la rotation de la Terre autour du Soleil, d'où dépendent surtout les saisons et les différences de climats.

Il n'est pas jusqu'aux continents qui ne semblent effectuer des migrations, aussi von Brock a-t-il parlé des « migrations du milieu ». Mais j'ai dit plus haut que l'on avait attribué la formation de récifs coralliaires, d'îles et même de continents au rhéotropisme positif des grands courants marins remontés par les larves mobiles d'animaux fixés à l'état adulte. Le rôle de l'antirhéocinèse a dû être considérable dans la formation des terres siliceuses et calcaires, qui sont constituées par de véritables conglomérats d'organismes mobiles à squelette siliceux comme ceux des foraminifères, ou calcaire comme ceux des radiolaires. Et toutes ces gigantesques émigrations sont manifestement en rapport très étroit avec la rotation de la Terre, soit sur elle-même, soit autour du Soleil, ou mieux encore, avec ces deux rotations combinées.

Dans la période tertiaire des temps géologiques, on trouve déjà plus de renseignements sur les migrations des Vertébrés, et particulièrement des Mammifères ; mais, là encore, les modifications dans l'étendue et les communications respectives des mers et des continents jouent un rôle considérable. On voit des migrations qui semblent s'effectuer de l'Europe vers l'Amérique et, inversement, de l'Amérique vers l'Europe. Mais, pour ces dernières, il importe de faire remarquer qu'elles ont peut-être pu s'effectuer en passant par l'Asie, c'est-à-dire en remontant le sens de la rotation du Globe, par conséquent en allant de l'Ouest à l'Est dans l'autre hémisphère.

Quoiqu'il en soit, il faut arriver tout à la fin de la période tertiaire ou à l'extrême commencement de la quaternaire, et surtout à la fin de cette dernière, pour avoir des données plus précises sur les émigrations paléontologiques.

Dans l'époque actuelle, on a observé certaines émigrations d'animaux se déplaçant en anticinèse, telles que celles du petit Cancrelat, ou Blatte asiatique, qui, en Russie, a remplacé une espèce plus grande ; une Unionidé, *Dreysema polymorpha*, originaire du Volga, s'est répandue dans les rivières et les lacs de l'Europe occidentale. Les Vertébrés sont en général sédentaires. En dehors des Oiseaux migrateurs ou cosmopolites, on n'a guère signalé que de rares émigrations de Carnivores, de Ruminants et de certains Rongeurs, tels que les Lemmings, les Rats et les Hamsters voyageurs. Mais les émigrations des animaux de ces deux dernières espèces offrent un intérêt tout particulier pour le sujet qui nous occupe.

En ce moment, les tranchées de nos armées du Nord de la France et de l'Est, et probablement celles de l'ennemi également, sont envahies, au point de les rendre presque inhabitables, par un Rat, le Surmulot *Mus decumanus* Pallas, qu'il ne faut pas confondre avec le Rat brun *Mus rattus* Linné, venu comme le Surmulot de l'Asie, où d'ailleurs les espèces de Rats ou de Rongeurs sont, en général, plus nombreuses qu'en Occident.

Le Rat brun a été le premier envahisseur. Il n'existait pas dans les Gaules avant les invasions des Barbares. Toussenel, d'accord en cela avec tous les documents que l'histoire a fournis, affirme que le Rat est chez nous le produit des invasions successives des Barbares : « le Rat dit l'invasion barbare, telle horde, tel Rat » ; à chaque occupation de la superficie correspond une occupation du sous-sol. Il y a eu le Rat des Goths, le Rat des Vandales, le Rat des Huns ; il y a le Rat Normand An-

glais, le Rat Tartare Moscovite. On pourrait compter les couches des Barbares qui se sont superposées l'une à l'autre sur
notre sol par le nombre des variétés de Rats que le sol a successivement nourries. Ces Rats des invasions des Barbares ne sont
que des variétés du Rat brun. Ce dernier devint de jour en jour
plus rare par suite de l'arrivée du Surmulot, qui fit sa première apparition un peu *avant* les guerres de la Fronde, en
1647, et qui ne manqua jamais une occasion de montrer sa
haine à son rival, le premier occupant : on dirait des hommes,
et comme il y a des soi-disant « surhommes », il y a des « sur-
mulots ». Arrivés à notre frontière de l'Est et flairant bonne
ripaille, il s'est rué à travers les champs et a envahi la Capitale :
son instinct, dit l'un de ses historiens, l'avait guidé du premier
coup.

Cent ans plus tard, eut lieu la grande invasion. Celle-ci vint
des environs de la mer Caspienne en 1725. D'effroyables tremblements de terre agitèrent ces contrées précisément dans la
région qu'on appelle le Désert de Coman. Les Rats se dirigèrent vers Astrakan, passèrent le Volga à la nage et envahirent
tout l'Occident, puis de là le Monde entier. C'est ce Rat, le Rat
des invasions Néo-Barbares qui gêne les combattants humains
dans leur œuvre de réciproque destruction et menace, sans
canons, ni fusils, de s'installer finalement en maître dans le
pays conquis. On raconte qu'il y a eu des villes détruites par
les Rats et que la terreur qu'ils ont inspirée jadis était telle qu'on
considérait ces invasions comme un signe de la colère divine.

Sous le rapport des émigrations, un autre rongeur asiatique,
le Hamster voyageur est plus curieux encore que le Rat, parce
qu'on ne peut pas faire intervenir l'Homme comme intermédiaire pour expliquer ses invasions, rôle d'ailleurs fort discu-
table pour le Rat lui-même, qui semble plutôt avoir obéi aux
mêmes impulsions que l'Homme, aux mêmes causes correspondant toujours des effets semblables.

A certaines années, le Hamster voyageur, sous l'influence
de circonstances encore inconnues, quitte les contrées qu'il
habite en Asie et entreprend de grands voyages. Dans ces occa-
sions, tous les individus de l'espèce se rassemblent des points
les plus éloignés de la contrée : la mobilisation s'effectue rapi-
dement, avec un ordre et un ensemble admirables, et, à un

même moment, ils partent tous dans une direction donnée. Leur armée est quelquefois si nombreuse que la terre, à plusieurs lieues à la ronde est comme couverte d'un noir manteau. Les Hamster, ainsi réunis, semblent tous obéir à un commandement mystérieux, *à une force qui les domine*, au point de leur faire oublier l'instinct de conservation. Ils suivent la ligne droite sans s'occuper des obstacles. Leurs ennemis acharnés, les Renards, les suivent à petites journées, se dédommageant par de longs festins de mainte abstinence forcée. Qu'importe, le noir torrent suit son cours. Ils franchissent les cours d'eau, les montagnes, laissant derrière eux d'innombrables morts, ils ne paraissent pas s'en inquiéter. Enfin, les voilà arrivés, après n'avoir reculé devant rien, sinon l'impossible, et maintenant la vie ordinaire recommence.

V

Les émigrations qui concernent l'Homme étant de beaucoup les plus importantes à connaître et les mieux étudiées, nous n'insisterons pas sur les autres, pour le moment. Il n'entre pas davantage dans le cadre de ce mémoire de discuter à fond la question des migrations humaines dans les temps préhistoriques. Je m'en tiendrai, de préférence, à l'opinion émise par mon savant collègue, M. le professeur Charles Depéret, d'après lequel il paraît aujourd'hui démontré que l'Homme n'est pas né sur le sol de l'Europe, mais qu'il a pris possession de ce sol au début du quartenaire, soit par conquête, soit par émigration. La découverte à Java du crâne de l'*Anthropopithecus* semble donner un certain crédit à cette opinion que c'est dans les contrées chaudes de l'Asie orientale ou de la Malaisie que l'on a des chances de découvrir les ancêtres directs de l'Homme préhistorique-Moustérien qui, comme celui de l'Âge Chelléen, qui l'a précédé, était d'une race tout à fait bestiale. A ces races primitives est venue se superposer celle de l'Homme de l'époque Magdaléenne. Les premières disparaissent par extinction ou par émigration, ou par les deux processus à la fois vraisemblablement. Le climat était presque tropical en Europe au moment de l'apparition des premiers Hommes dans cette région : ils étaient surtout chasseurs, et peut-être ont-ils suivi les Végétaux, suivis eux-mêmes par les animaux dont ils vivaient ; peut-être aussi ont-ils fui des régions auxquelles ils ne pouvaient plus s'adapter à cause du refroidissement croissant aux approches de la période glaciaire. Ils paraissent avoir exporté avec eux leur industrie de la pierre taillée, qui semble s'être maintenue cependant fort longtemps en Europe. On rapporte, en effet, que les Bretons combattirent contre Guillaume le Conquérant avec des armes de pierre (1).

D'après Hérodote, les archers éthiopiens enrôlés dans l'armée que Xerxès conduisit contre la Grèce, avaient de courtes flèches de roseau armées de pointes de pierre. L'expression d' « âge de pierre », de « la pierre taillée » et de « la pierre polie » est donc vicieuse, car aujourd'hui encore on trouve, mais sous d'autres latitudes, des peuples qui ont conservé l'industrie de la pierre polie. Les indigènes de la Nouvelle-Calédonie fabriquent des ustensiles et des armes, dont la ressemblance avec ceux des préhistoriques est saisissante par la nature des matériaux employés, les formes diverses, les usages, le genre de monture, etc.

Bien plus, l'industrie de la pierre taillée était encore florissante, si l'on peut dire, à l'époque où les Européens envahirent l'Australie. On y fabriquait, entre autres objets de silex taillés, des pointes de flèches de tous points semblables à celles de la période préhistorique, dont l'antiquité remonte à des milliers et même à des centaines de milliers d'années, suivant certains auteurs. De plus, selon Broca (rapport de 1865-67), dans la période la plus ancienne de l'âge du Mammouth et de l'Ours des cavernes, l'Homme était de petite stature ; il avait une tête étroite, un front fuyant et des mâchoires proéminentes, en général une conformation du corps dont l'analogie ne se trouve aujourd'hui que chez les races tout à fait inférieures, en Australie et à la Nouvelle-Calédonie, comme d'ailleurs l'industrie de la pierre polie et de la pierre taillée.

Les Hommes de l'époque Magdaléenne ne paraissent avoir aucune parenté avec les premiers ; c'était une race très supé-

(1) Louis Buchner, *L'Homme suivant la Science*, p. 84, Schleicher frères, éditeurs, Paris.

rieure déjà par la conformation du crâne, par la taille et par son industrie.

Le climat s'est refroidi. L'Homme néolithique succède à celui de la période paléolithique ; la pierre polie et le bronze vont apparaître et remplacer la pierre taillée, en même temps que naissent, chez les habitants des cavernes, réduits par les intempéries à une existence sédentaire, les primitifs rudiments des arts du dessin, de la sculpture, de la gravure et même de la peinture, premiers jalons vers l'écriture, vers le langage peut-être, en tous cas vers la civilisation. C'est grâce à cette circonstance que l'on a pu se procurer des images, parfois assez parfaites, d'animaux aujourd'hui disparus et même de l'Homme préhistorique ; mais, chose singulière, l'un de ces dessins paraît représenter un homme qui, par la maigreur de ses hanches, la saillie du ventre, rappelle encore plutôt le type australien que le type européen. D'après Louis Buchner (1), tous ces faits, et beaucoup d'autres encore, militent en faveur des émigrations préhistoriques de l'Homme, ainsi que les documents sur les grandes invasions de la race alpine allant de l'Asie méridionale vers le Sud de l'Europe, et des Chudes, Usuns, Kurgaus, etc., marchant du Centre de l'Asie vers le Nord de l'Europe (2).

Mais il n'est pas nécessaire de remonter à la période préhistorique pour savoir que les grandes migrations humaines se sont faites de l'Est à l'Ouest, avec parfois des déviations vers le Sud-Ouest, à cause d'obstacles physiques comme les mers, par exemple. En ce qui concerne les émigrations d'Asie en Europe, en Europe même, et d'Europe en Amérique, rien n'est plus instructif que de consulter les cartes de migrations des peuples, de A.-C. Haddon, pour demeurer convaincu que toutes celles qui ont eu un caractère permanent, définitif, se sont effectuées en sens inverse du mouvement de rotation de la Terre, c'est-à-dire en *anticinèse rotatoire*. Elles ont marché de l'Orient vers l'Occident, en gardant d'ailleurs dans leurs grandes lignes un parallélisme remarquable pendant leur trajet d'Asie en Europe.

(1) *Loc. cit.*, p. 299.
(2) V. A.-C. Haddon, *The Wanderings of peoples*; the Cambridge Manuals of Science and Literature, University Press, 1911, Map. I, Asia (Asiatic Migrations).

Au Nord, on peut suivre, par exemple, la marche des Samoyè-
des ; plus au Centre, celle des Finnois ; vers le Sud, celle des
Turcs, et, plus bas encore, celle des Sémites arabes, qui se sont
avancés jusqu'en Espagne. Si l'on se borne à l'Europe, l'anticinèse rotatoire se montre chez une foule de peuples également
originaires de l'Asie : les Huns (dont se sont détachés les Hon-
grois et les Lombards), les Avars, les Slaves, Bulgares, Bur-
gondes, Saxons, Scandinaves, Vandales, Francs, etc. Et si certaines branches ont dévié directement vers le Sud, comme
celles fournies par les Goths et les Cimbres, ce sont là des excep-
tions explicables sans doute aussi par des raisons d'ordre physique.

Ce qui également n'est pas contestable, c'est que toutes les
migrations de masses humaines qui se sont faites en sens inverse des premières, n'ont eu qu'un caractère provisoire, plus
ou moins long : les conquêtes d'Alexandre le Grand ne lui ont
pas survécu, les Romains n'ont pas su conserver l'empire
d'Orient, ni la Germanie, ni les Gaules, ni l'Angleterre, la
poussée d'Annibal a avorté, les Maures ont dû se retirer de
France et d'Espagne, et les Espagnols n'ont pu se maintenir
dans les Flandres. Enfin, les huit croisades, prêchées par l'ordre
des papes, dirigées de l'Occident vers l'Orient, ont toutes aussi
piteusement échoué que la campagne d'Égypte du général Bona-
parte. A ce propos, il est assez piquant de rappeler que la marche
en partie suivie en ce moment et d'ailleurs projetée dans son ensemble par le Kaiser allemand est exactement celle de la
deuxième croisade, partie de Metz pour aboutir en Arménie,
en passant par l'Autriche, la Serbie, la Bulgarie, Constantinople
et l'empire de Nicée (1). Est-il nécessaire de rappeler que les
Anglais ont été chassés de France et que toutes les guerres du
premier Empire et la dernière du second Empire n'ont abouti
qu'à amener en France trois invasions de sens inverse ?

Mais je n'ai pas l'intention d'écrire ici un précis d'histoire
universelle, il s'agit d'ailleurs de faits connus de tous.

Toutes ces migrations se sont faites par le fer et par le feu,
par la force et la violence. Il n'en a pas été de même, sauf au

(1) V. la *Carte des Croisades*, in *Le Larousse pour tous*, Paris, art. CROI-
SADES.

début, de l'invasion de l'Amérique par les Européens. Elle s'est effectuée dans un ordre admirable : les océans, qui étaient à la fin du v⁰ siècle une barrière infranchissable, étaient devenus une route ouverte à tous, depuis la découverte de Christophe Colomb, et l'on vit s'échelonner dans un ordre admirable, comme les rayons du spectre solaire étalés sur un écran par le prisme, des Scandinaves au Groënland, des Anglo-Saxons dans l'Alaska, le Canada, les Etats-Unis. A part ceux des Français qui allèrent aussi au Canada, la plupart se dirigèrent surtout vers la Louisiane, pendant que les Espagnols et les Portugais occupaient le Mexique et l'Amérique du Sud. Les Allemands envahissent les Etats-Unis pacifiquement, pour le moment. Les Français, plus tard, ont essayé de percer l'isthme de Panama pour aller dans leurs possessions indo-chinoises, en passant par celles qu'ils possèdent encore dans l'Océan Pacifique. Quant aux Japonais et aux Chinois, ils ont trouvé en Californie et aux Etats-Unis, en général, une résistance opiniâtre, qui a failli aboutir à une guerre. En revanche, les Américains se sont emparé des Philippines, les Japonais ont refoulé les Russes par les armes, et tout cela était bien conforme à la loi de l'anticinèse rotatoire.

Mais en Amérique, il y a eu surtout invasion continue, lente, progressive, pénétration pacifique, comme celle effectuée par les Italiens dans le Sud de la France et par les Allemands, avant la guerre, en Belgique et dans tout le Nord de la France, y compris Paris.

L'anticinèse rotatoire peut donc s'effectuer de deux façons pour la race humaine : par la guerre ou par la paix.

Dans le premier cas, elle est le fruit de l'instinct atavique entravé, surexcité par des agents cosmiques, comprimé et servi par la force ; dans le second, celui de l'intelligence, de la liberté, exprimés par le droit international.

Dans son *Traité de l'Instinct* (1), Joly s'exprime ainsi : « Être physiquement entraîné dans les variations du milieu, n'est-ce pas encore de l'instinct ? Connaître les conditions d'existence dans lesquelles on est placé, s'apercevoir de l'influence par laquelle on est sollicité, en jouir et en souffrir, chercher à discer-

(1) *Loc. cit.*, p. 13 (v. p. 100).

ner d'où elle vient, être à même de lutter contre les forces extérieures, de les faire servir à son usage, n'avoir pas quelquefois
à sa disposition une énergie suffisante pour ne point céder à
ces mobiles, mais pouvoir, en y cédant, savoir ce que l'on fait,
c'est de l'intelligence. »

L'instinct, c'est le procédé guerrier, l'intelligence c'est le procédé pacifiste : entre les deux, il faudrait enfin que l'Humanité
pût opter. Et voilà comment, par l'association des idées, partant
de cette expérience enfantine qui consiste à faire cheminer à
rebours une bête à bon Dieu, une Coccinelle, sur un porte-
plume que l'on fait tourner entre les doigts, on peut passer
par la notion de l'anticinèse rotatoire à la question de savoir si
l'on doit obéir à l'instinct, dont le militarisme est l'expression,
ou à la réglementation pacifique du mouvement de migration
des peuples, en conformité avec la loi naturelle, dont les sanctions sont toujours redoutables en cas de désobéissance com-
mise, soit volontairement ou par irrésistible impulsion, soit
par ignorance.

Mais voici que Prudhon (1) nous oppose sa loi d'alternance :
« Ainsi, dit-il, la Paix et la Guerre, corrélatives l'une à l'autre,
affirmant également leur réalité et leur nécessité, sont deux
fonctions maîtresses du genre humain. Elles s'alternent dans
l'histoire, comme dans la vie de l'individu la veille et le sommeil, comme dans le travailleur la dépense des forces et leur
renouvellement, comme dans l'économie politique la production et la consommation. La paix est donc encore la guerre
et la guerre est la paix : il est puéril d'imaginer qu'elles s'ex-
cluent. »

Et, de fait, les déplacements de collectivités humaines s'opé-
rant avec violence non seulement alternent avec des périodes
de paix, mais la loi elle-même de ces périodes ne semble pas
impossible à déterminer, et ce sera la preuve irréfutable que
la guerre est un phénomène cosmique, qui ne dépend nulle-
ment de la volonté humaine, mais que celle-ci subit instinctivement et inconsciemment, tout comme les animaux et même
les végétaux dans leurs migrations et leurs émigrations.

(1) P. J. Proudhon, *La Guerre et la Paix*, Paris, Librairie Internationale,
1869, I, p. 80

Un de nos officiers les plus distingués, le colonel Delauney, a publié dans *la Nature* (1) un curieux article sur la périodicité des annexions coloniales de la France. Il estime qu'elles obéissent à une sorte de rythme, à une constante périodicité, dont il a déterminé la valeur, et qui est estimée par lui à dix ans trois cent deux jours quatre heures quarante-six minutes. Ce chiffre, d'une inquiétante précision, n'a pas évidemment d'autre signification que celle d'une abstraction mathématique dégagée par le calcul. Dans la réalité des choses, il faut tantôt un peu plus, tantôt un peu moins de temps pour que le phénomène s'accomplisse. Bien entendu, il ne s'agit que de l'époque à laquelle la conquête a été commencée, les vicissitudes ultérieures et les péripéties qui ont pu s'en suivre n'entrent pas en ligne de compte.

Le tableau établi par le colonel Delauney, d'après l'histoire, de 1830 à 1881, est déjà très saisissant : il le devient encore davantage, si on y ajoute les guerres de 1870 et de 1915 et si l'on intercale la conquête du Maroc, qu'il a pour ainsi dire prophétisée :

1830 : Algérie ;
1842 : Taïti-Congo ;
1853 : Nouvelle-Calédonie ;
1860-1868 : Guinée, Obock, Cochinchine, Cambodge ;
1870-1871 : Guerre contre l'Allemagne, Commune ;
1881-1884 : Tunisie, Soudan, Annam et Tonkin ;
1895 : Madagascar ;
1905 : Maroc ;
1915 : Guerre austro-allemande.

VI

La périodicité dans les phénomènes cosmiques est la règle et leur retentissement sur les manifestations biologiques, physiologiques ou pathologiques n'est pas douteuse : on ne connaît pas tous les cas, mais nombreux sont les exemples que l'on pourrait déjà citer. Peut-être alors objectera-t-on à notre théorie que le mouvement de la Terre sur elle-même et autour du

(1) V. n° du 28 avril 1900, p. 348.

Soleil sont des phénomènes constants réguliers, n'ayant aucun caractère périodique.

Mais tous les physiologistes ne savent-ils pas que la substance vivante ou bioprotéon, au point de vue énergétique, est susceptible d'effets cumulatifs. Elle peut accumuler peu à peu, d'une manière continue, régulière, l'énergie puisée dans le milieu ambiant, ou recevoir des excitations extérieures, dont aucune, prise isolément, ne provoquerait de réaction apparente, mais qui, après une certaine période d'incubation silencieuse, d'*addition latente*, comme on dit, nous montre que les êtres vivants peuvent, sous ce rapport, être comparés à ces condensateurs d'électricité, que l'on charge lentement et qui, à un moment donné, fournissent brusquement une quantité d'énergie actuelle considérable. Il existe également chez les êtres vivants des phénomènes périodiques très curieux : les phénomènes dits d'*induction*. La Sensitive *(Mimosa pudica)* tient ses folioles étalées pendant le jour et les ferme le soir, comme tous les végétaux à sommeil apparent. Cet effet est le résultat de l'action alternative, périodique du jour et de la nuit. Mais vient-on à enfermer une Sensitive dans un lieu toujours obscur, elle continue à ouvrir et à fermer ses folioles pendant plusieurs jours consécutifs, sans que l'excitant ordinaire intervienne. Des Pyrophores lumineux des Antilles, que j'avais placés dans les mêmes conditions, éclairaient leur lanterne à la même heure chaque soir, sans que l'apparition du crépuscule vint les influencer (1). Dans les phénomènes de croissance, dans l'héliotropisme, ces faits d'*induction*, de *remanence* sont bien connus et souvent, en biologie, l'on peut dire *causa sublata, non tollitur effectus.*

D'autre part, si le mouvement de la Terre est continu, régulier, il n'en est pas moins vrai que sa rotation sur elle-même est la cause d'un nombre incalculable de réactions physiologiques (périodiques) qui résultent de la succession du jour et de la nuit, laquelle règle les phases de réveil, d'activité dans la veille, de fatigue, de repos et de sommeil : on pourrait écrire un volume sur ce sujet. La lumière et la chaleur sont les prin-

(1) V. Raphaël Dubois, *La Vie et la Lumière,* pp. 218 et 220, Félix Alcan, éd., Paris, 1914.

cipaux facteurs du fonctionnement vital, il n'est donc pas surprenant que leurs fluctuations diurnes et nocturnes retentissent profondément sur toutes les manifestations biologiques.

D'autres actions cosmiques continues, telles que la rotation de la Terre, non plus sur elle-même, mais autour du Soleil, produisent des phénomènes périodiques qui exercent encore leur domination sur tout ce qui vit : par exemple les saisons, dont nous avons déjà signalé et expliqué l'action dans les migrations des oiseaux (p. 10-17). Les changements lents dans la nature des climats ont eu dès les premiers âges du Monde vivant une action évidente sur les migrations végétales et animales, et influencé dans une certaine mesure les déplacements des Hommes autour du Globe par anticinèse rotatoire.

Nous n'en finirions pas, s'il fallait énumérer tous les changements périodiques biologiques dus aux influences saisonnières. Elles s'exercent non seulement sur notre fonctionnement individuel, mais encore sur celui de nos sociétés, d'une manière continue, mais diverse, suivant les moments. Les accouchements et, par conséquent, les conceptions ne se répartissent pas d'une façon uniforme dans les douze mois de l'année, et les courbes n'atteignent pas leur maximum au même moment dans tous les pays : la saison et le climat interviennent à la fois. En France, à Lyon particulièrement, le maximum est en Juin (Jarricot). C'est aussi en Juin que se produit le maximum des crimes passionnels, des viols, des attentats de toutes sortes contre les mœurs sur les enfants et les adultes (Lacassagne). Il y a là comme un vestige ancestral des périodes de rut des animaux. L'instinct sociable cesse chez les Rennes dans la saison des amours et, dans tous les groupes de Ruminants, il se livre alors des combats sanglants, après quoi tout rentre dans l'ordre. Il serait intéressant de rechercher s'il n'y a pas aussi entre les conflits humains et les saisons quelque rapport.

Les suicides sont plus nombreux au printemps, les duels surtout, qui vont en décroissant en été, hiver et automne (Lacassagne).

A propos de sa statistique sur les poussées coloniales, le colonel Delauney a appelé l'attention sur une autre cause possible de périodicité cosmique en rapport avec les actions humaines. C'est l'existence des taches solaires, et les phases par où elles passent. Elles ont un rythme correspondant à celui des poussées coloniales et aussi des grandes guerres de 1870-1871 et de 1914-1916 en France. Giard a fait remarquer, comme je l'ai dit déjà, que les invasions de Sauterelles étaient aussi dans un certain rapport avec les taches du Soleil.

Ce n'est pas tout : à cent cinquante millions de lieues, les oscillations magnétiques qui accompagnent celles des taches solaires se transmettent à la Terre et font osciller sur son pivot la minuscule et légère aiguille de la boussole, constamment frémissante, dirigée vers son pôle. Cette aiguille aimantée ne reste pas fixe : elle oscille chaque jour dans le plan du méridien magnétique, de droite à gauche de ce plan, c'est-à-dire de l'Est à l'Ouest. L'amplitude de l'oscillation diurne varie à chaque heure, chaque jour, chaque mois, chaque année. « Si l'on prend la moyenne d'une année entière, dit Camille Flammarion, on constate que, d'une année à l'autre, elle varie parfois du simple au double et que cette variation annuelle est réglée par une loi. Elle est périodique et la loi du cycle est de onze à douze ans en moyenne, ce qui est sensiblement le rythme de nos grands mouvements militaires pour la France.

L'oscillation diurne de l'aiguille aimantée est un phénomène absolument général et s'observe sur le Globe entier de l'Equateur aux Pôles, suivant la même loi. L'amplitude de l'oscillation augmente avec la latitude, et non proportionnellement. Elle n'est que de une à deux minutes d'arc entre les tropiques, de neuf minutes en France, de sept minutes en Norvège. Cette variation correspond sensiblement à celle de la température, dont l'amplitude s'accroît également des régions tropicales aux régions circumpolaires. La chaleur, l'électricité, la vapeur d'eau, la pression atmosphérique y sont certainement associées. Tous les astronomes et les météorologistes sont bien convaincus que les perturbations atmosphériques et tous les phénomènes météorologiques sont, comme les relations entre les taches solaires et les courants magnétiques, soumis à la loi de périodicité, mais elles sont plus complexes, plus difficiles à établir, parce que l'influence des taches solaires ne se fait pas sentir aussi directement que sur le magnétisme terrestre sur tous les facteurs de ces phénomènes météorologiques et climatologiques, par exemple s'il s'agit de grands courants chauds comme ceux du Gulf-Stream, les courants polaires qui en dépendent, servant d'intermédiaires. Ce n'est qu'en accumulant pendant de nombreuses années, des siècles peut-être, les observations que l'on arrivera à la prévision mathématique du temps et à la connaissance exacte de toutes les causes de perturbations cosmiques et de leur enchaînement ; il m'a toujours semblé que la loi d'alternance de la guerre et de la paix, dont parlait Proudhon (v. p. 34) peut être recherchée et fixée de la même manière.

Peut-être doit-on expliquer les exacerbations périodiques de l'anticinèse rotatoire terrestre par des modifications imprimées par les oscillations magnétiques dues aux taches solaires. Les grands courants magnétiques du Globe étant de sens inverse du mouvement de la Terre, doivent renforcer l'action de l'anticinèse, au moment de leurs maximums, lesquels correspondent, comme on l'a vu, à des poussées migratoires.

Je crois avoir été le premier, avec D'Arsonval (1), à montrer expérimentalement l'action du magnétisme sur l'organisme vivant, et cette action n'a plus rien de surprenant depuis que l'on connaît celle du champ magnétique, encore insuffisamment étudiée pourtant, sur les colloïdes. La substance vivante ou bioprotéon est, en effet, à l'état colloïdal ; c'est elle dont sont formés les cellules, les organes et jusqu'au cerveau de l'Homme, lequel n'est après tout qu'un animal de la sous-classe des Mammifères placentaires, de l'ordre des Primates de Linné, et auquel le grand naturaliste a cru devoir donner une appellation générique et spécifique des plus flatteuses : *Homo sapiens (!)*, fort inexacte d'ailleurs dans les périodes hypermagnétiques de son existence comme celle que nous traversons.

L'influence des maximums solaires magnétiques ne paraît pas s'exercer seulement sur l'Homme comme excitant du délire de la criminalité générale qu'est la guerre (2).

(1) Raphaël Dubois, Influence du magnétisme sur l'orientation des colonies de microbes (*C. R. de la Soc. de Biol.*, 20 mars 1887, p. 127, et D'Arsonval, Remarque à propos de la communication de M. Dubois (*ibid.*, p. 128).

(2) V. le compte-rendu de la Conférence de M. Raphaël Dubois, au Congrès pacifiste de Lyon : La Paix par la Science (in *la Paix par le Droit*, n° 13-14, 10-25 juillet 1914).

Un économiste anglais, Stanley Jevons, a signalé une proportionnalité insoupçonnée entre le nombre des faillites sur les diverses places d'Europe et d'Amérique et les taches solaires.

Qu'y aurait-il de choquant pour un esprit scientifique dans une semblable proposition ? Qui ne connaît l'influence des perturbations atmosphériques sur la mentalité humaine ? Quand le baromètre baisse, ou va baisser, les neurasthéniques, les rhumatisants, ceux qui ont d'anciennes blessures ou simplement des durillons, des cors aux pieds, éprouvent une surexcitation de sensibilité nerveuse aboutissant à des souffrances, qui parfois modifient profondément leur humeur habituelle. Dans les asiles d'aliénés, les fous sont particulièrement excités à l'approche de l'orage et poussent des clameurs retentissantes. Les hommes de génie, qui sont, en général, des gens nerveux, éprouvent souvent l'influence de variations barométriques. Giordani prévoyait les orages deux jours avant ; Diderot disait : « Il me semble que j'ai l'esprit fou dans les grands vents » ; Maine de Biran écrivait : « Dans les journées de mauvais temps, mon intelligence et ma volonté ne sont pas de même que dans les beaux jours », et Alfieri disait : « Je me compare à un baromètre : j'ai toujours éprouvé plus ou moins une grande facilité à composer suivant la pesanteur de l'atmosphère, une stupidité absolue, quand soufflent les grands vents des *solstices* et des *équinoxes*, une pénétration moins grande le soir que le matin. »

De telles dispositions ne sont pas spéciales aux hommes de génie et aux malades, elles se présentent chez tous les gens nerveux, en général, et combien n'en observe-t-on pas qui sont inquiets, irritables, excités quelques heures avant l'orage.

Qu'y aurait-il donc d'étonnant à ce que les diplomates, les guerriers et même certains intellectuels, subissent fortement les influences cosmiques périodiques et commettent dans de certaines périodes des actes, dont aucun pourtant ne veut ensuite accepter la responsabilité, comme c'est le cas dans cette guerre, qu'on pourrait dénommer pour cette raison « *la guerre des irresponsables* » ?

VII

Les variations physiques du milieu cosmique étant de nature
à modifier le fonctionnement cérébral des individus, il doit en
être de même de celui des collectivités, des groupes d'individus,
moins conscients, il est vrai, que ces derniers des relations de
causes à effets des troubles qu'elles éprouvent.

D'autre part, on ne doit pas perdre de vue ce qui a été dit
plus haut (v. p. 36) de l'influence plus ou moins directe des
perturbations cosmiques sur le fonctionnement régulier de
l'anticinèse rotatoire terrestre, qui, entre les périodes des crises
belliqueuses épileptiformes, dirige manifestement le mouvement continue régulier de pénétration pacifique, mouvement
dont l'exercice normal paraît être pour le bien de l'humanité
une nécessité de premier ordre. Les gouvernements de diverses
grandes nations européennes ont fait à certaines époques de
grands et nombreux efforts pour arrêter l'émigration en anticinèse, vers l'Amérique : ils ont tous échoué. Ils ont fini par y
renoncer et ils ont bien fait, car on ne peut chercher à embou-
teiller les forces naturelles sans s'exposer à ce qu'à un moment
donné le contenu devenant de plus en plus fort que le conte-
nant, la bouteille vous saute au nez avec fracas, ainsi que son
contenu.

L'émigration est une soupape de sûreté, il faut cependant
toujours avoir l'œil sur le dynamomètre.

Mais d'abord, y a-t-il eu dans ces derniers temps d'importantes et inaccoutumées variations cosmiques ?

Si elles ont réellement eu lieu, elles n'ont pas dû toutes
échapper aux observateurs : les plus manifestes, au moins, ont
dû attirer l'attention des savants.

Eh bien ! oui, elles ont existé et elles n'ont pas seulement
frappé d'étonnement les savants spécialistes, mais encore les
masses elles-mêmes.

Je ne puis m'empêcher de reproduire ici les documents ras-
semblés dans un article de vulgarisation par Camille Flammarion intitulé *les Astres et la Guerre*, auquel la grande auto-
rité de son auteur en pareille matière donne une importance

considérable à ce point de notre thèse que nous voulons mettre
ici en lumière (1).

Dans ces dernières années, on a observé de nombreuses anomalies et des désordres dans la succession des saisons, qui
semblent établir une profonde modification dans le climat
général de l'Europe. Ces anomalies (été pluvieux, sans soleil,
hiver doux principalement) remontent tout au plus à six
années, en 1913. Plus de printemps, plus d'été, plus d'automne,
plus d'hiver depuis 1907. Une seule saison pour ainsi dire,
humide, pluvieuse outre mesure. Dépressions se succédant et
entretenant un régime de *vents marins de Nord-Est à Sud-
Ouest* et un régime orageux très prononcé.

Autrefois, l'orage ne se présentait qu'en saison chaude, de
mai en septembre, et après de fortes chaleurs ; rares étaient les
manifestations électriques en hiver ou dans la période d'octobre-
avril. Aujourd'hui, il fait de l'orage en décembre et janvier
comme en plein été. Et dans la saison que l'on persistait à
appeler chaude, il suffisait d'un jour de soleil pour déterminer
un orage, bientôt suivi d'autres orages. Alors qu'en 1906 on
avait relevé neuf orages en moyenne, depuis cette époque on
en a compté dix-neuf, c'est-à-dire plus du double.

« La question de décider si les astres ont une influence quelconque sur les événements humains, dit Flammarion, est loin
d'être résolue pour un grand nombre d'esprits cultivés. Il faut
avouer que certaines coïncidences se manifestent à l'appui de
cette antique croyance proclamée par les livres anciens depuis
l'*Illiade* et l'*Enéide* jusqu'aux temps modernes. En feuilletant
les pages jaunies des ouvrages du xv° et du xvi° siècle, tels que
les livres des *Prodiges de Conrad Lycostène*, les *Chroniques de
Nuremberg*, les *Œuvres d'Ambroise Paré* ou de *Julius Obse-
quens*, on a sous les yeux une série de figures fantastiques re-
présentant des éclipses, des comètes, des pierres qui tombent du
ciel, des tremblements de terre, des inondations, des orages et
des grêles, des halos solaires et lunaires, des monstres animaux
et végétaux, tous associés à des guerres, à des massacres et con-
sidérés comme des signes de la colère céleste et des manifestations de la Justice divine punissant les prévarications humaines.

(1) V. *le Petit Marseillais* du 7 février 1913.

« Remarque curieuse, dit le savant astronome, *tous ces signes célestes et terrestres viennent de se manifester depuis les débuts de la guerre actuelle.* »

Une éclipse de soleil s'est produite le 21 août, visible de l'Europe entière et de l'Asie, avec la zone de totalité traversant la Russie.

Flammarion dit avoir reçu un grand nombre de lettres associant ce phénomène à l'idée d'une guerre.

Une comète, qui gardera le nom de *Comète de la guerre*, a régné toute l'année dans le ciel. Découverte en décembre 1913, par M. Delaron, de l'Observatoire de la Plata, elle est encore observée en 1915 et le sera pendant cinq ans encore. Cette longue apparition cométaire de cinq années ne s'est pas encore vue.

Un troisième signe céleste s'est ajouté aux deux précédents : le passage de Mercure devant le Soleil, le 7 novembre 1914.

« Des bolides sont-ils apparus? Des pierres sont-elles tombées du Ciel? Oui. Rien ne manque à la série. Outre les étoiles filantes et les bolides, qui ne sont pas très rares, une pierre fort curieuse est tombée des espaces célestes sur l'Angleterre le 13 octobre dernier. C'est une sorte de pyramide tronquée mesurant vingt-sept centimètres de longueur et pesant seize kilogrammes.

« Est-ce tout? Non. Un tremblement de terre formidable a secoué l'Italie aux environs de Rome le 23 janvier et, quoique ce ne soit pas là une secousse sismique de premier ordre, au point de vue géologique, il se trouve avoir été celui de la plus grande activité destructive : 90 tués pour 100 à Avezzano ; 94 à Cose ; 99 à Lopolle ; 30.000 morts pour cette contrée.

« Est-ce tout encore? Non. Pluies sans fin, débordements de la Seine, de la Marne, de l'Oise, de la Saône, de la Tamise, du Rhin, inondations. »

Le 8 juin, il est tombé de la neige et de la grêle au bas de la tour Eiffel. Ce jour-là, il y a eu une violente tempête, le thermomètre est descendu à Paris à 5 degrés et la température moyenne de cette journée a été de neuf inférieure à celle des 8 et 15 février : « Quelles anomalies fantastiques ! » s'écrie Flammarion.

Le 21 juillet, de 9 h. 15 à 9 h. 50 à Paris, le ciel s'est

obscurci à ce point que l'on a été obligé d'allumer et qu'il était impossible de lire même un journal. Atmosphère lourde, suffocante, puis averse formidable versant de l'eau noire laissant des taches de suie.

D'après Flammarion, ces coïncidences sont absolument fortuites : « les astres ne régissent pas les actions humaines..... ...*...mais ces curieuses coïncidences étaient vraiment intéressantes à signaler. »

Aucun biologiste, aucun physiologiste plutôt, habitué à constater les multiples influences du milieu ambiant sur les êtres vivants, ne pourra admettre que la plupart de ces phénomènes cosmiques, sans compter ceux qui ont dû les précéder, les accompagner ou les suivre et qui ont échappé à l'observateur, soient restées sans effet sur les masses humaines.

Les hommes sont des animaux à système nerveux ultra-développé. Par ce fait résultant de leur évolution et aussi par l'usage courant et atavique des poisons sociaux : alcool, tabac, opium, café, thé, etc., etc., et une foule d'autres infractions aux lois naturelles, particulièrement à l'hygiène, ils sont dans un perpétuel état d'équilibre instable. C'est ce qui fait, d'ailleurs, sous de certains rapports, leur supériorité, comme il arrive pour ces *balances folles* extra-sensibles, dont le centre de gravité coïncide presque avec le point de suspension, comme le génie confine à la folie et le sublime à l'abject, le glorieux à l'infâme, en temps de guerre principalement.

Sous ce rapport, la sardine est bien inférieure à l'homme. Et pourtant, M. Bounhiol, le savant professeur de zoologie agricole de l'Université d'Alger, ne vient-il pas de découvrir que les variations de l'équilibre électrique de l'atmosphère ont une influence capitale sur les déplacements des bancs de sardines et que l'examen des courbes de l'électromètre est des plus instructif au point de vue de la pêche (1).

On pourrait multiplier à l'infini les exemples de ce genre à ajouter à ceux que nous avons déjà signalés plus haut et l'on n'arriverait ainsi qu'à fortifier davantage cette vérité, que l'on enseignait déjà à l'Ecole de Pythagore, à savoir que le corps

(1) De l'influence de quelques facteurs physiques (température, tension électrique) sur les déplacements verticaux de la sardine algérienne (*C. R. du VI° Congrès des pêches maritimes*, Tunis, 1914).

humain est dans une dépendance intime de l'ordre général et
que les actions de la vie, ainsi que tous les phénomènes de la
Nature sont réglés par les qualités et les proportions des
nombres.

N'oublions pas non plus que la Nature entière est en perpétuel état de métamorphose, que tout évolue, et qu'il faut faire
la part, non seulement des influences actuelles du milieu antérieur, mais aussi de celles qui résultent de l'évolution.

VIII

L'Humanité traverse une crise pénible, une de ces mues
périodiques dangereuses que l'on pourrait comparer à celle
des Chenilles, dont la peau éclate de temps à autre quand, par
suite de la croissance continue de l'animal, l'enveloppe qui le
contient est devenue trop petite. Elle n'a pas encore conquis la
raison, est encore, sous beaucoup de rapports, inconsciente, et
malheureusement ce qui lui reste d'instinct est devenu inférieur à ce qu'en possèdent les bêtes. Beaucoup de ces dernières
savent mieux que nous qu'il fera beau, ou qu'il pleuvra, qu'il
fera du vent, qu'un orage se prépare, que l'hiver sera froid, et
prennent des mesures en conséquence. D'autres pressentent les
tremblements de terre, et même le choléra (1).

Sous certains rapports, c'est faire injure aux animaux que de
prétendre que l'Homme est une bête. Il est plus à propos de
dire avec Boileau :

> De Paris au Japon, du Japon jusqu'à Rome,
> Le plus sot animal, à mon avis, c'est l'homme.

A l'appui du jugement du poète satirique, mais dans un
tout autre ordre d'idées, je crois devoir reproduire ici le passage
suivant d'un de mes écrits sur la psychophysiologie comparée (2).

(1) Xavier Raspail, Les Oiseaux et le choléra (*Revue française d'Ornithologie*, 1915).
(2) Raphaël Dubois, La psychophysiologie comparée, sa place, son objet,
sa méthode et son but (*Bull. de l'Institut général psychologique*, n° 4, 1909).

« L'homme normal, d'ailleurs, à l'état de nature, sans tares
acquises ou héréditaires, sans déformations psychiques ou autres dues au collectivisme social, qui n'est, en somme, qu'une
des nombreuses formes du parasitisme, et non de la symbiose,
cet homme normal existe-t-il ? A ceux qui prétendent que l'animal est dépourvu de raison ne pourrait-on répondre que c'est
bien plutôt l'homme à qui elle fait défaut. Est-il raisonnable
cet animal qui persécute ses semblables, ou plutôt ceux de la
même espèce, pour des motifs religieux et les brûlerait au
besoin sous le prétexte de les purifier ? Est-il doué de raison
l'être qui n'a pas trouvé encore de meilleur procédé que la
guerre pour remédier à des situations gênantes, dont il ignore
les origines souvent lointaines, les causes cosmiques ou autres
et les conséquences prochaines ou éloignées : comment, d'ailleurs, pourrait-il trouver un meilleur remède sans la connaissance scientifique de la cause et de la nature de son mal ? Les
médecins des peuples sont encore, sous ce rapport, au-dessous
des autres.

« Les hommes qui s'avilissent et se tuent avec des poisons
sociaux, comme l'alcool, le tabac, l'opium, les essences, etc.,
sont-ils des êtres sensés ? raisonnables ? Qu'y a-t-il de plus stu-
pide que d'engendrer des enfants empoisonnés qui, à leur tour,
empoisonneront la société ? Et qu'y a-t-il de plus odieux que
cette société qui n'a rien su prévoir et qui se venge férocement
sur les enfants des vices des parents ? Les gouvernants qui fabriquent ces poisons et en font un trafic monstrueux, qui multi-
plient bagnes et prisons et dressent des échafauds pour punir
leurs victimes, sont-ils, eux aussi, des êtres moraux, conscients
du mal qu'ils font ou laissent faire ? Je préfère penser qu'ils
sont dépourvus de raison, au moins partiellement. C'est aux
bêtes qu'il faudrait demander des leçons d'hygiène : elles savent
mieux que la plupart des humains élever leurs petits : elles sont
prévoyantes, consciencieuses, en vérité, je ne puis trouver une
expression meilleure. L'instinct serait-il donc supérieur à la
raison ? Cette dernière alors deviendrait d'ordre inférieur, né-
gligeable, sinon dangereuse, nuisible, si l'homme a perdu jusqu'au déterminisme des moyens propres à assurer à son individu et à ses descendants les bénéfices de la mort naturelle. Lui,
l'Être de Raison par excellence, ne meurt pas : il se tue, se

suicide plus ou moins brusquement, ou bien il se fait tuer, tue son semblable, en masse ou en détail et parfois le mange du meilleur appétit ! Est-ce donc là l'adaptation logique des actes à la satisfaction des besoins physiologiques qui, seule, peut donner la santé, sans laquelle il n'y a ni bonheur, ni saine raison ? Enfin, n'y a-t-il pas lieu de prendre en pitié ces malheureuses collectivités humaines, toujours en quête d'un état social meilleur, par des moyens qui n'ont rien de scientifique, et qui n'engendrent le plus souvent que désillusion et colère !

« L'homme nous semble dans une situation des plus critiques : il a perdu en grande partie l'instinct et se sert du peu de raison qu'il croit avoir acquis pour nuire à son bonheur et à celui de ses semblables.

« Ces exemples, pris entre mille, ne sont-ils pas, à eux seuls, suffisants pour justifier l'étude et l'enseignement de la psycho-physiologie comparée ? Ce n'est qu'en analysant chez les êtres inférieurs les réactions aux excitations venues du milieu extérieur, du milieu intérieur, et du milieu antérieur, que l'on arrivera à discerner ce qui est fondamental dans le fonctionnement des organismes de ce qui est accessoire ou de perfectionnement. »

La sottise de l'Homme vient surtout, à mon sens, de son immense orgueil, de ce qu'on lui inculque dès la plus tendre enfance qu'il est un être absolument libre, ne relevant que de sa volonté, de son prétendu libre arbitre, qu'il est appelé à asservir la Nature à ses lois, alors que c'est lui qui devrait s'appliquer à obéir aux lois de la Nature, au lieu de vouloir lutter contre elles et de s'exposer par là à subir, en expiation, les plus terribles sanctions de son impitoyable code, que la Science s'efforce de déchiffrer, de jour en jour, plus complètement.

« En somme, disai-je en 1904 (1), en présence des quatre facultés et d'un nombreux auditoire, le rêve que nous poursuivons, c'est la codification des lois naturelles, non pas dans le vain espoir de les dominer, mais seulement pour apprendre à s'en servir en leur obéissant : tel est le but et le principe du

(1) V. Discours prononcé par M. le professeur Raphaël Dubois à la Séance solennelle de rentrée de l'Université de Lyon, sur « la Création des êtres vivants et les lois naturelles », 3 novembre 1904, publié dans les *Annales de l'Université de Lyon*, et la Paix par la Science, dans *loc. cit.*, p. 39.

déterminisme scientifique, qui est la véritable philosophie naturelle. Cette doctrine n'est pas, comme l'ont prétendu à tort certains philosophes, un grossier fatalisme. Elle ramène seulement à des proportions beaucoup plus modestes, à des limites plus précises, plus rationnelles, le libre arbitre, exagérément enflé par l'ignorance et l'orgueil. Le déterminisme rend l'Homme plus parfaitement humain, plus équitable, plus indulgent, en lui faisant comprendre l'étroite dépendance des collectivités humaines vis-à-vis des conditions de *milieu extérieur*, de *milieu intérieur* et de *milieu antérieur* ou *héréditaire*.

« On sait aujourd'hui, par expérience, que ce n'est pas par des sortilèges ou des incantations que l'on arrêtera ou que l'on ralentira seulement le cours des fléaux de l'humanité, mais bien par une meilleure compréhension des choses et des êtres ; en un mot, parce que *savoir fait pouvoir*. »

Et c'est pourquoi, entre autres choses, je n'ai cessé de réclamer la création d'Instituts scientifiques de la Paix, et que je disais encore en 1904 : « Dans ces retraites plus tranquilles, plus favorables au travail scientifique que les atmosphères agitées de nos grandes Assemblées, on pourrait préparer de belles choses, par exemple les Etats-Unis d'Europe pour faire face au « péril jaune ». Non pas que je croie que l'on puisse empêcher les fleuves d'aller vers la mer et les peuples de tourner en sens inverse du mouvement de rotation de la Terre, mais parce que l'on peut endiguer ces grands courants telluriques, *empêcher de funestes débordements* et peut-être, qui sait ? par de savants barrages à écluses, faire servir leur force motrice à la marche du progrès.

« Vous voyez, par ces exemples, que vous auriez, à peu de frais, préparé, amassé pour vos enfants un précieux héritage d'incalculables trésors. Ne comptez que sur vous, et puisque les Dieux semblent vous refuser de nouveaux miracles, faites avancer la Science. N'a-t-elle pas déjà donné d'innombrables gages de sa fécondité inépuisable dans sa lutte contre les fléaux autres que la guerre, tels que la peste, contre lesquels on n'avait d'autres armes, autrefois, que d'inefficaces prières et de vaines incantations. »

Et dans l'ordre des idées que nous exposons dans ce mémoire que ne peut-on attendre de la Science ? Ecoutons à ce propos

ce que dit Berget, dans son livre sur *Les problèmes de l'atmosphère* (1) : « Le service météorologique des Etats-Unis, le
Weather Bureau, est organisé et dirigé de façon absolument
supérieure et le résultat pratique de ce service de prévision
est prodigieux. L'une des Chambres de commerce des régions
agricoles signalait récemment que l'utilisation d'un seul des
avertissements du Weather Bureau avait sauvé d'un désastre,
sans cela certain, 12.500.000 dollars de récoltes. En 1910, toutes les prévisions de gelées ont été exactes, et annoncées trente-
six heures à l'avance. La Californie a pu sauver ainsi 200 millions de fruits !

« Les services rendus à la navigation aérienne et à la navigation maritime sont incalculables. Il existe un service spécial
pour la prévision des crues des grands fleuves. Au cours de
ces dernières années, les riverains du Mississipi ont pu sauver
pour 75 millions de bétail et de denrées, grâce à un avertisse-
ment de crues fourni huit jours d'avance... La prévision du
temps à longue échéance revient à chercher s'il y a, dans les
phénomènes atmosphériques, une loi de périodicité... »

Et combien de vies humaines et de richesses n'ont-elles pas
été sauvées par l'établissement de la « Carte des tempêtes »,
qui permet, non pas de les dominer, mais de les fuir ou de
les éviter ?

Pourquoi ne pas s'engager résolument dans cette voie en ce
qui concerne la guerre, le plus abominable des fléaux, le plus
déshonorant pour l'humanité ?

C'est avec cet espoir que j'ai publié dans ce mémoire mes
recherches, même avant leur achèvement, sur l'anticinèse rotatoire terrestre, sur ses connexions avec les forces cosmiques et
sur son influence sur les mouvements des masses humaines,
brusques ou lents, violents ou pacifiques, suivant les cas.

Utilisées à temps, elles auraient pu prévenir d'irréparables
malheurs ; à l'heure actuelle, elles peuvent encore nous montrer le plus sûr moyen pour triompher de la brutalité crimi-
nelle de forces aveugles et déréglées, de l'empirisme myope,
d'une diplomatie ignorante des lois qui gouvernent le

(1) V. *Bibliothèque de Philosophie scientifique de Flammarion*, Paris,
1914, p. 321.

monde, et jeter les fondements d'une paix rationnelle, équitable, scientifique et, par cela même, durable. Grâce à leur connaissance, on peut encore discerner, dans l'affreux chaos de sang, de feu et de boue où s'agitent, sans boussole, des masses affolées, les moyens d'obtenir le maximum d'effet utile avec le moindre effort, par le choix d'une orientation convenablement choisie.

La *question de l'orientation* présente une évidente importance : l'antique et obsédante *question d'Orient* en est la preuve.

Nos recherches expérimentales montrent, en outre, d'accord avec les événements qui se déroulent sous nos yeux, par quels moyens on pourrait combattre efficacement les horribles effets de l'anticinèse cosmique quand de progressive, pacifique, normale qu'elle était, elle se mue brusquement en délire furieux de la criminalité générale.

CONCLUSIONS

Le médecin qui soigne un malade ou un blessé ne doit connaître d'autre ennemi que la souffrance humaine, quelque pénible que puisse être, dans certains cas, l'abandon de la personnalité : il est alors considéré comme un bienfaiteur de l'Humanité, tandis qu'en agissant autrement, il serait le plus misérable des malfaiteurs. Il en est de même du savant, qui croit détenir ne fût-ce qu'une parcelle de vérité capable d'être utile aux autres hommes.

Nul ne peut nier, sans mauvaise foi, après ce qui a été écrit dans ce mémoire, que la guerre rentre dans la catégorie de ce que l'on désigne sous le nom de « phénomènes biologiques ».

Aucun savant, digne de ce nom, ne peut contester, surtout s'il est physiologiste, que les phénomènes biologiques, la guerre par conséquent, sont dans un rapport étroit, intime avec les phénomènes extérieurs qui se passent dans le milieu ambiant, cosmique, naturel où fonctionnent les êtres vivants. Cette vérité n'est pas nouvelle ; elle était enseignée il y a presque deux mille cinq cents ans, à l'Ecole de Pythagore, et peut-être antérieurement.

Analysés par la méthode scientifique basée sur l'observation, l'expérimentation et le raisonnement, les phénomènes biologiques sont susceptibles d'un déterminisme aussi exact que ceux dont s'occupent les autres sciences, l'astronomie, par exemple.

En cherchant à établir le déterminisme scientifique de la guerre, considérée comme phénomène biologique, ses origines naturelles, on découvre l'existence d'une propriété générale de toute substance vivante : c'est l'anticinèse.

L'anticinèse est la propriété de tout organisme, ou même portion d'organisme vivant, d'être poussé, soit individuellement, soit collectivement, en sens contraire du mouvement invisible ou visible, qui tend à l'entraîner (ἀντί, contre ; κινεσίς, mouvement).

Cette réaction physiologique est diminuée, suspendue par toutes les influences qui affaiblissent l'activité vitale : fatigue, nutrition insuffisante, maladie, empoisonnement, etc. Elle disparaît après la mort et, pour cette raison, ne doit pas être confondue avec la force d'inertie.

L'anticinèse *rotatoire expérimentale* se constate sur les animaux et sur les végétaux placés dans des conditions déterminées sur une surface ou dans un milieu animé d'un mouvement giratoire.

L'anticinèse rotatoire *terrestre* a sollicité les êtres humains, entre autres organismes, depuis leurs premiers âges jusqu'à nos jours, à se mouvoir individuellement et collectivement de l'Orient vers l'Occident, c'est-à-dire en sens inverse du mouvement de rotation de la Terre.

Les déplacements des masses humaines, ayant eu des résultats permanents, définitifs, ont toujours suivi cette direction plus ou moins déviée par des causes d'ordre physique : les autres n'ont eu que des durées relativement éphémères. Il ne s'agit pas d'une opinion personnelle, c'est un fait brutal, une notion banale, contre laquelle il n'y a pas à s'insurger, sous peine de passer pour un ignorant, ou pis encore.

Ces déplacements se sont faits de deux manières différentes : soit d'une façon plus ou moins insensible, plus ou moins rapide, continue, progressive, et alors toujours pacifique (émigration), soit d'une manière brusque, violente, par la guerre avec son cortège ordinaire de la criminalité sous toutes ses formes (invasion).

A l'anticinèse évolutrice terrestre, qui joint à l'action cumulative ancestrale l'influence du milieu actuel, s'ajoutent ordinairement d'autres facteurs, qui n'en sont vraisemblablement que des dérivés plus ou moins directs, par exemple, l'augmentation de densité de la population à l'Est et la diminution de cette même densité à l'Ouest, d'où tendance à la pénétration du plus dense dans le moins dense, comme toujours, difficulté relative de subsistance plus grande à l'Orient qu'à l'Occident, etc., etc., mais c'est là ce qu'on peut appeler des épiphénomènes.

L'anticinèse étant une loi de nature est, ou plutôt devrait être intangible. Il faut être fou pour penser qu'on pourra élever des barrages assez puissants pour empêcher les fleuves d'aller vers la mer ; tôt ou tard ces barrages seraient emportés avec un fracas d'autant plus grand que la résistance opposée aura été plus forte et non sans causer des débordements désastreux pour les riverains. Il faut être plus fou encore pour vouloir faire remonter les fleuves vers leurs sources. La violation des lois naturelles entraîne parfois des sanctions terribles ; on ne peut s'en servir qu'en leur obéissant.

Si le cours d'un fleuve n'est pas parfait, le mieux est de creuser son lit, de régulariser son cours par des digues, des quais, au besoin par des canaux dérivants, avec des écluses mobiles, etc., mais en se conformant toujours aux lois physiques de l'hydrostatique, dans ce cas particulier, et de la science, en général.

Quand donc les hommes comprendront-ils qu'il doit en être de même en sociologie, c'est-à-dire en biologie humaine collective?

Malheureusement, ce sont des diplomates qui s'occupent de régler les rapports des peuples entre eux, et eux-mêmes ne sauraient nier qu'ils sont plus ignorants que les carpes des lois naturelles : peut-être même en tirent-ils vanité? Et pourtant ce sont ces médicastres empiriques, ces rebouteurs dangereux, d'où paraît venir tout le mal. Ils ont maintes fois essayé d'enrayer le mouvemnet d'émigration pacifique et, finalement, toujours en vain. Mais, malgré les mesures les plus violentes et les plus multipliées, elle a continué à s'effectuer, et dans le sens naturel principalement.

Pour cette raison, et pour d'autres nombreuses, on peut les considérer comme les principaux auteurs des invasions préparées, puis provoquées, en truquant, maquillant, sophistiquant, falsifiant tous les documents susceptibles de guider l'instinct des populations, qui ont toujours eu soif de la paix, tant qu'elles n'ont pas été affolées par les secrets et souvent inavouables agissements de la diplomatie. Combien de fois la Raison d'État n'a-t-elle pas été le contraire de la Raison pure et simple?

Il est nécessaire, dès maintenant, de se mettre en garde contre les combinaisons qui, après la crise terrible que nous traversons, pourraient en préparer de semblables pour l'avenir.

Les nations sincèrement pacifiques, qui entendent vivre librement de leur travail et de relations commerciales honnêtes, doivent sans retard se liguer contre celles qui veulent vivre, s'accroître, prospérer par l'asservissement des autres, par le bri-

gandage, le pillage ou simplement par l'accaparement écono-
mique, préparé au moyen de la force ou de la ruse, d'où qu'il
vienne, [...] [...]

Les moyens propres à assurer le libre exercice de l'anticinèse
pacifique doivent être étudiés avec le plus grand soin. La sa-
gesse consistera à favoriser son action bienfaisante et aussi à
prévenir et empêcher les abus dont elle pourrait être le prétexte.

L'émigration pacifique est un phénomène biologique normal,
physiologique ; l'invasion relève biologiquement, sociologique-
ment de la criminalité pathologique. Les fauteurs d'invasions,
bien qu'irresponsables, à cause de leur ignorance, n'en doivent
pas moins être recherchés et poursuivis comme coupables ou
comme complices des crimes qu'ils auront commis ou provoqués en territoire étranger. Ils seront jugés suivant les lois du
pays envahi et y subiront leur peine. Il ne saurait s'agir de
punition, ni de représailles, mais simplement d'un épouvantail
destiné à décourager les imitateurs éventuels et d'une juste
indemnité, qui s'impose.

Il s'agit d'une question d'ordre fondamental ; toutes les autres, le principe que nous défendons étant admis, seront faciles
à résoudre logiquement, telles que les modifications de fron-
tières, les relations économiques internationales, la liberté des
mers, etc., etc.

Nous pourrons avoir une paix durable par la Science, mais
en dehors d'elle point de salut ! et ce serait folie que de s'en
rapporter encore une fois exclusivement à des joueurs attablés
autour du tapis vert de la diplomatie.

Lyon. — Imprimerie A. Rey, 4, rue Gentil. — 71127.

44

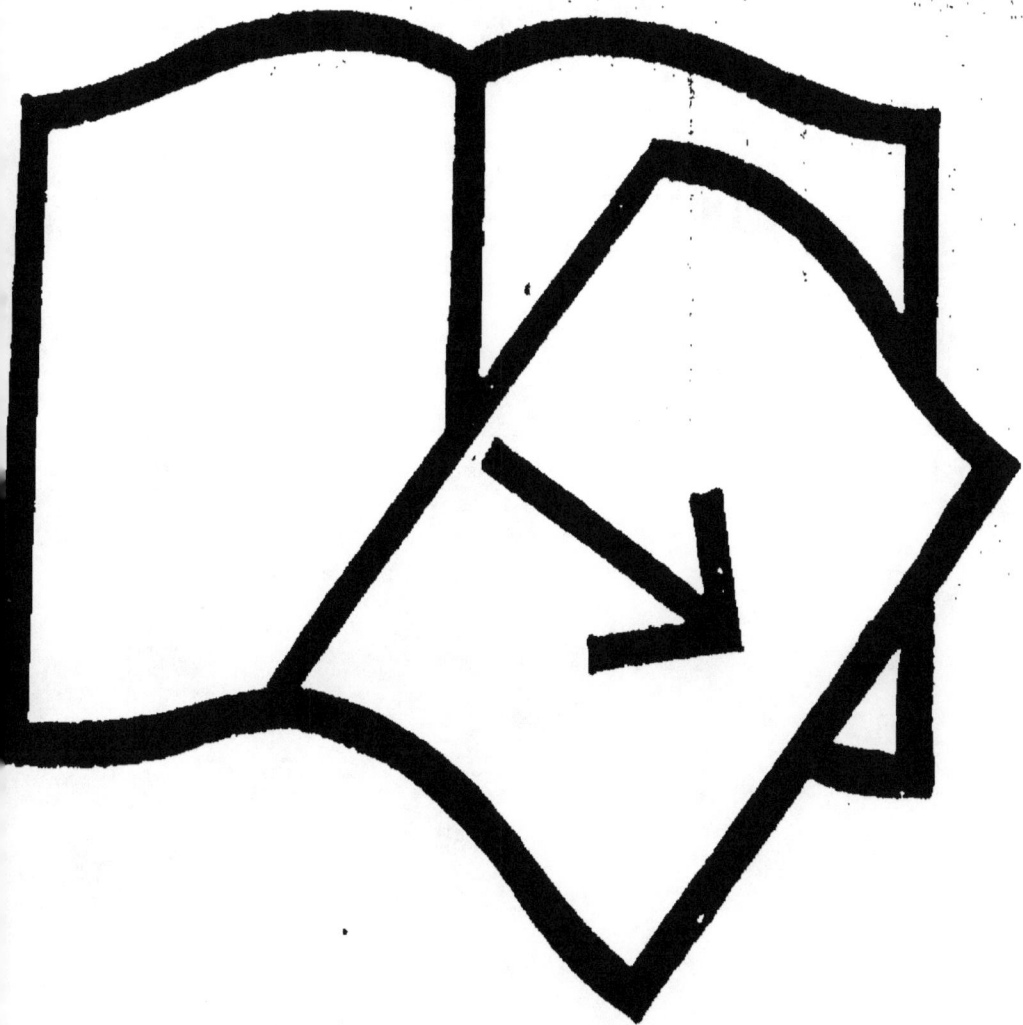

Documents manquants (pages, cahiers...)
NF Z 43-120-13

www.ingramcontent.com/pod-product-compliance
Lightning Source LLC
Chambersburg PA
CBHW070806210326
41520CB00011B/1857